CYBERSÉCURITÉ AU CONGO

Enjeux et perspectives

Canh Bertal Ntonta

CYBERSÉCURITÉ AU CONGO

Enjeux et perspectives

Préface de Fadhel GHAJATI

L'Harmattan
Congo-Brazzaville

219, Avenue Nelson Mandela; Brazzaville

http:// www.harmattan-congo.com

ISBN : 978-2-336-57362-5
EAN : 9782336573625

À ma famille et ma mère plus particulièrement,
dont l'amour inconditionnel, le soutien indéfectible
et les sacrifices m'ont conduit à bon port.

À mes associés, notamment

Serge Koffi, Vylie Sayam, Victor Ketevi, Aymar Matsounga et plus

Particulièrement Arsène Ossibi, dont l'accompagnement

et les conseils tout au long de ma carrière

m'ont permis de me surpasser.

Sommaire

Sigles et abréviations

ACSI	:	Agence Congolaise des Systèmes d'Information
ADEN	:	Agence de Développement de l'Économie Numérique
ANSSI	:	Agence Nationale de la Sécurité des Systèmes d'Information
ARPCE	:	Agence de Régulation des Postes et des Communications Électroniques
BAD	:	Banque africaine de développement
BM	:	Banque Mondiale
CAB	:	Central African Backbone
CERT	:	Centre d'alerte et de réaction aux attaques informatiques
CIMA	:	Conférence Internationale des Marchés d'Assurance
CIRAS	:	Centre d'Informatique et de Recherche de l'Armée et de la Sécurité
CGIX	:	Point d'échange internet au Congo
CNIL	:	Commission nationale informatique et libertés
CNPDCP	:	Commission Nationale pour la Protection des Données à Caractère Personnel
COBAC	:	Commission Bancaire d'Afrique Centrale
DORA	:	Digital Operational Resilience Act
FASUCE	:	Fonds pour l'Accès et le Service Universels des Communications Électroniques
GCI	:	Global Cybersecurity Index
GDPR	:	Règlement général sur la protection des données
GSMA	:	Global System for Mobile Communications
HDS	:	Hébergeur de Données de Santé
IA	:	Intelligence Artificielle
IAM	:	Gestion des Identités et des Accès

INESIA	:	Institut national pour l'évaluation et la sécurité de l'intelligence artificielle
IoT	:	Internet des objets
IT	:	Technologie de l'information
OIV	:	Opérateurs d'Importance Vitale
OSE	:	Opérateurs de Services Essentiels
MDAs	:	Ministères, Départements et Agences
PASSI	:	Prestataire d'Audit de la Sécurité des Systèmes d'Information
PATN	:	Projet d'Accélération de la Transformation Numérique
PCI DSS	:	Payment Card Industry Data Security Standard
PCN	:	Projet de Couverture Nationale
SOC	:	Security Operations Center
SWOT	:	Forces, Faiblesses, Opportunités et Menaces
UGP	:	Unité de Gestion du Projet
UNLC	:	Unité Nationale de Lutte contre la Cybercriminalité
UIT	:	l'Union Internationale des Télécommunications
VSAT	:	Very Small Aperture Terminal
WACS	:	West Africa Cable System

Préface

"Share your knowledge. It is a way to achieve immortality." **Dalai Lama**

Dans un contexte mondial où les mutations numériques redéfinissent profondément les rapports de force, les infrastructures critiques et les modèles de souveraineté, la cybersécurité s'impose désormais voire depuis quelques années comme un enjeu stratégique de premier ordre en particulier a fortiori pour les pays africains en pleine transition numérique, à l'instar du Congo.

C'est dans ce contexte exigeant que s'inscrit ce premier manuscrit de mon confrère et ami ***Bertal Canh Ntonta***. Notre parcours professionnel commun, notamment au sein de Deloitte, nous a permis de confronter nos expertises sur des projets d'envergure, au croisement de la gouvernance numérique, du conseil stratégique et de la gestion des risques cyber. Aujourd'hui encore, nous poursuivons notre engagement dans le domaine du conseil en cybersécurité, avec la conviction partagée que la connaissance est l'un des leviers les plus puissants de transformation durable.

L'approche de cet ouvrage est à la fois méthodique et ambitieuse. En partant d'un diagnostic lucide de l'écosystème numérique congolais, avec un focus sur les infrastructures, cadre législatif, acteurs institutionnels et technologies émergentes, il élargit la réflexion vers des enjeux plus systémiques : typologie des menaces, souveraineté des données, protection des infrastructures critiques, et enfin renforcement des capacités humaines et stratégiques.

Ce travail ne se contente pas d'identifier les failles : il propose des pistes, des recommandations, une vision. Il invite les institutions, les décideurs et la société civile à prendre toute la mesure de la cybersécurité comme fondement de stabilité, de croissance et de souveraineté nationale. Il s'agit d'un appel à la structuration, à la responsabilisation, mais aussi à la mobilisation collective.

À l'heure où l'intelligence artificielle transforme les cybermenaces autant qu'elle offre de nouveaux outils de défense, l'Afrique, notamment le Congo doit pouvoir maîtriser ses propres trajectoires technologiques, en investissant dans ses talents, dans sa législation, et dans une culture numérique forte. Ce livre contribue à cet objectif avec clarté et exigence. Il s'adresse autant aux décideurs publics qu'aux ingénieurs, aux chercheurs qu'aux citoyens concernés.

Je suis honoré de présenter, à travers ces lignes, une contribution aussi pertinente que stratégique. Ce travail reflète avec justesse l'essence même du métier de consultant : éclairer les enjeux, alerter sur les risques, et guider vers des solutions durables. À travers *Bertal Canh Ntonta*, il symbolise également l'émergence d'une nouvelle génération d'acteurs africains du numérique, compétents, lucides, engagés et prêts à relever les défis contemporains de la cybersécurité avec sérieux et vision.

Fadhel GHAJATI

Expert en Cybersécurité & Intelligence Artificielle
Ancien Senior Manager chez Deloitte

Ancien Responsable SMSI ANSSI Tunisie

Introduction

Le monde traverse une transformation numérique sans précédent. Des usages quotidiens les plus banals aux services critiques des États, l'information numérique est devenue un pilier central de la société contemporaine. Pourtant, cette révolution s'accompagne d'un revers aussi puissant que discret : la multiplication des menaces cybernétiques. Aucun pays n'échappe à cette nouvelle forme d'insécurité, pas même encore en développement. La République du Congo, bien qu'engagée dans un processus de modernisation numérique, se trouve aujourd'hui à la croisée des chemins.

Les infrastructures numériques s'installent progressivement, les usages du numérique s'intensifient dans les villes, et les ambitions gouvernementales se précisent à travers divers plans et projets, tels que le Projet de Couverture Nationale (PCN) ou la Stratégie nationale du numérique. Cependant, ces avancées techniques s'opèrent souvent sans la mise en place parallèle d'un écosystème de cybersécurité robuste, ce qui fragilise l'ensemble des acquis.

Dans un contexte de dépendance croissante aux réseaux aux données, et aux systèmes connectés, la cybersécurité devient un enjeu national et stratégique. La numérisation des services publics, des banques, de l'éducation, de la santé ou encore du commerce électronique ne peut être pérenne sans un cadre de confiance solide, fondé sur la protection des données, la résilience des infrastructures et la montée en compétence des acteurs.

Ce livre se veut une analyse lucide et structurée de l'environnement cyber en République du Congo. Il ne s'agit ni d'un rapport technique réservé aux experts, ni d'un pamphlet alarmiste, mais d'une lecture contextualisée des forces, faiblesses, menaces et opportunités qui définissent aujourd'hui le paysage de la cybersécurité congolaise.

La première partie présente l'état des lieux du numérique au Congo, en explorant l'infrastructure, les cadres réglementaires existants, et l'introduction progressive des technologies émergentes. La deuxième partie se concentre sur les enjeux concrets de la cybersécurité, en s'appuyant sur les typologies de menaces, les impacts économiques et sociaux, ainsi que l'importance de la protection des données et des infrastructures critiques. Enfin, la troisième partie propose des pistes de réflexion et des recommandations concrètes : renforcer les capacités, définir des stratégies nationales cohérentes, et instaurer une culture cyber à tous les niveaux.

Ce livre s'adresse autant aux décideurs publics, aux professionnels de l'IT, aux étudiants, qu'aux citoyens engagés dans la transition numérique du pays. Il aspire à stimuler une prise de conscience collective, et à contribuer à l'édification d'un écosystème numérique congolais plus sûr, plus inclusif et plus souverain.

PARTIE I

État des lieux du numérique au Congo

Avant d'aborder les enjeux de sécurité et de gouvernance du numérique, cette première partie de l'ouvrage établit un état des lieux structuré du numérique au Congo. Elle propose une lecture à la fois technique, réglementaire et stratégique de l'infrastructure nationale et des fondations sur lesquelles repose l'écosystème numérique du pays.

L'objectif de cette partie est de dresser un diagnostic réaliste des forces et faiblesses actuelles du secteur, d'évaluer le niveau de maturité technologique, de comprendre les politiques mises en œuvre, ainsi que les dynamiques liées à l'innovation. Elle permet ainsi de situer le Congo dans le contexte régional africain et d'identifier les conditions préalables à une transition numérique efficace et inclusive.

Cette analyse se décline à travers trois chapitres complémentaires :

- Le **Chapitre 1,** consacré à l'infrastructure numérique et à la connectivité, dresse un panorama complet des infrastructures réseaux et de télécommunications, du déploiement de la fibre optique, des interconnexions régionales (CAB, WACS, 2Africa), et de l'état des datacenters nationaux. Il présente les grands projets structurants comme le Projet de Couverture Nationale (PCN), le PATN, et le FASUCE, tout en identifiant les défis à surmonter, notamment les disparités rurales, les coûts d'accès et les retards d'exécution.

- Le **Chapitre 2** aborde le cadre législatif et réglementaire régissant le secteur du numérique et des communications électroniques. Il met en lumière les dispositifs juridiques existants, les organes de régulation comme l'ARPCE, ainsi que les limites observées en matière de gouvernance numérique, de protection des consommateurs, et de souveraineté technologique. Ce chapitre interroge aussi l'absence d'un cadre consolidé pour la protection des données personnelles et la régulation du cloud.

- Le **Chapitre 3** explore la question des technologies émergentes (intelligence artificielle, blockchain, IoT, big data) et leur intégration progressive dans les initiatives numériques publiques et privées. Il traite également de la cybersécurité, considérée ici comme une composante transversale essentielle. Ce chapitre analyse le niveau de préparation du Congo face aux usages technologiques avancés, les écarts d'appropriation, et la faible culture cyber au sein des institutions comme du grand public.

En croisant les infrastructures, le droit et les innovations, cette première partie pose les bases factuelles de la réflexion. Elle montre que le Congo, bien que doté de ressources stratégiques et de volontés politiques affichées, doit encore surmonter plusieurs verrous techniques, humains et institutionnels pour garantir une transformation numérique pérenne, inclusive et sécurisée.

Chapitre 1
Infrastructure numérique et connectivité

Les détails et informations sur l'infrastructure technologique ont représenté un véritable défi dans le cadre de rédaction de ce chapitre, la collecte de données fiables a constitué lors de notre étude le premier obstacle à une compréhension précise de l'existant et des actions en cours. Entre fragmentation des sources et absence de bases de données centralisées, cette étude propose une analyse sur les infrastructures numériques d'un pays comme le Congo en croisant les différents rapports disponibles, les informations sur les indices de connectivité mobile et les publications spécialisées sur les infrastructures numériques en Afrique centrale.

Les difficultés rencontrées mettent en lumière un besoin évident : celui d'établir des systèmes robustes de collecte et de partage d'informations permettant à tous de s'informer en temps et en heure et ainsi évaluer l'impact des politiques publiques. Malgré ces limites, nous avons tant bien que mal tenté de dresser un tableau du développement numérique au Congo grâce à la synthèse des ressources disponibles et des initiatives en cours. Dans ce chapitre nous tenterons de présenter ces éléments à travers une analyse SWOT.

1.1. L'état des lieux de l'infrastructure numérique au Congo

L'infrastructure numérique au Congo repose essentiellement sur la fibre optique : celle-ci représente la colonne vertébrale de la connectivité. Avant la fibre optique, le déploiement des infrastructures de télécommunication en République du Congo a été possible grâce aux stations terriennes satellitaires (VSAT). Ces stations sont encore utilisées notamment dans certaines entreprises, comme infrastructures de redondance en cas de rupture de la liaison par fibre optique, cependant il est difficile à date de réellement quantifier le nombre de stations VSAT encore en activité.

Après analyse des différents rapports et ressources disponibles, il en ressort que le Congo dispose aujourd'hui de **5 400 km de fibre optique** déployés dans le cadre du projet **Central African Backbone (CAB).** Ce réseau constitue une épine dorsale essentielle, connectant les grandes villes comme Brazzaville, Pointe-Noire, Ouesso, et reliant le pays aux infrastructures internationales, comme le câble sous-marin **WACS (West Africa Cable System).** Le réseau congolais se décline de façon plus précise en quatre éléments le réseau national, le réseau transfrontalier, le réseau international, les datacenters, et les projets :

1.1.1. Le réseau national de fibre optique

Décliné au travers du Projet de couverture nationale (PCN) qui est un projet de modernisation du réseau national de télécommunications financé par le Congo. Il a permis de déployer environ 3 000 km de fibre optique reliant Pointe-Noire, Dolisie, Brazzaville, Oyo et Ouesso et plusieurs boucles optiques métropolitaines ont été construites à Brazzaville, Pointe-Noire, et Oyo pour un total de 700 km. Le réseau PCN est exploité et commercialisé par Congo Telecom.

Le Congo dispose d'un réseau secondaire de fibre optique de 1100 km construit sur les infrastructures aériennes de la société Énergie Électrique du Congo (E^2C). La capacité inutilisée de ce réseau d'E^2C a été concédée en septembre 2020 au Groupe YAO CORP à travers sa filiale dédiée Silicone Connect, pour son exploitation et sa commercialisation pour une durée de 10 ans. Une autre partie des capacités est utilisée par Congo Télécom. Les deux principaux opérateurs à savoir MTN et AIRTEL exploitent également ce réseau.

1.1.2. Le réseau transfrontalier de fibre optique

Le réseau transfrontalier lui se présente comme suit : le Congo est interconnecté à la République démocratique du Congo (RDC), via un câble sous-fluvial appartenant à la société Congo Telecom reliant Brazzaville à Kinshasa depuis 2017. D'autres opérateurs privés, Airtel et Silicone Connect, ont également des câbles sous fluviaux reliés à Kinshasa.

Dans le cadre du projet régional Central African Backbone (CAB), dont la première phase a été financée par la Banque mondiale (BM), le Congo est interconnecté au Gabon depuis 2018. Cette infrastructure est exploitée et commercialisée depuis 2019 par la société congolaise Mambs Services, dans le cadre d'une délégation de service public de sept ans. Le Congo est également connecté au Cameroun depuis 2022, et le sera dans un futur proche avec la République centrafricaine, dans le cadre de la phase 2 du projet CAB financée par la Banque africaine de développement (BAD).

1.1.3. Le réseau international de fibre optique

Le Congo est connecté au premier câble sous-marin du pays dénommé West Africa Cable System (WACS), avec une station d'atterrissage située à Matombi dans le département du Kouilou. Sa gestion technique et commerciale est assurée par l'opérateur public Congo Telecom. Cette station est la principale sortie du trafic international (voix et données). Le WACS est un câble sous-marin à fibre optique tiré depuis l'Afrique du Sud jusqu'au Royaume-Uni et longeant les côtes congolaises, et qui permet au Congo de pouvoir bénéficier d'une entrée numérique internationale depuis mai 2012.

Par ailleurs, depuis août 2023, le Congo est connecté au câble sous-marin 2 Africa, initié par le géant des réseaux sociaux Meta. Il s'agit du deuxième câble sous-marin auquel le pays a accès et qui permet de décharger le câble WACS. Les travaux de construction, de maintenance et d'exploitation du nouveau réseau national issu de la connexion du Congo au câble 2 Africa ont démarré en septembre 2023. Ils ont été confiés à Congo Câbles, une entreprise de droit congolais.

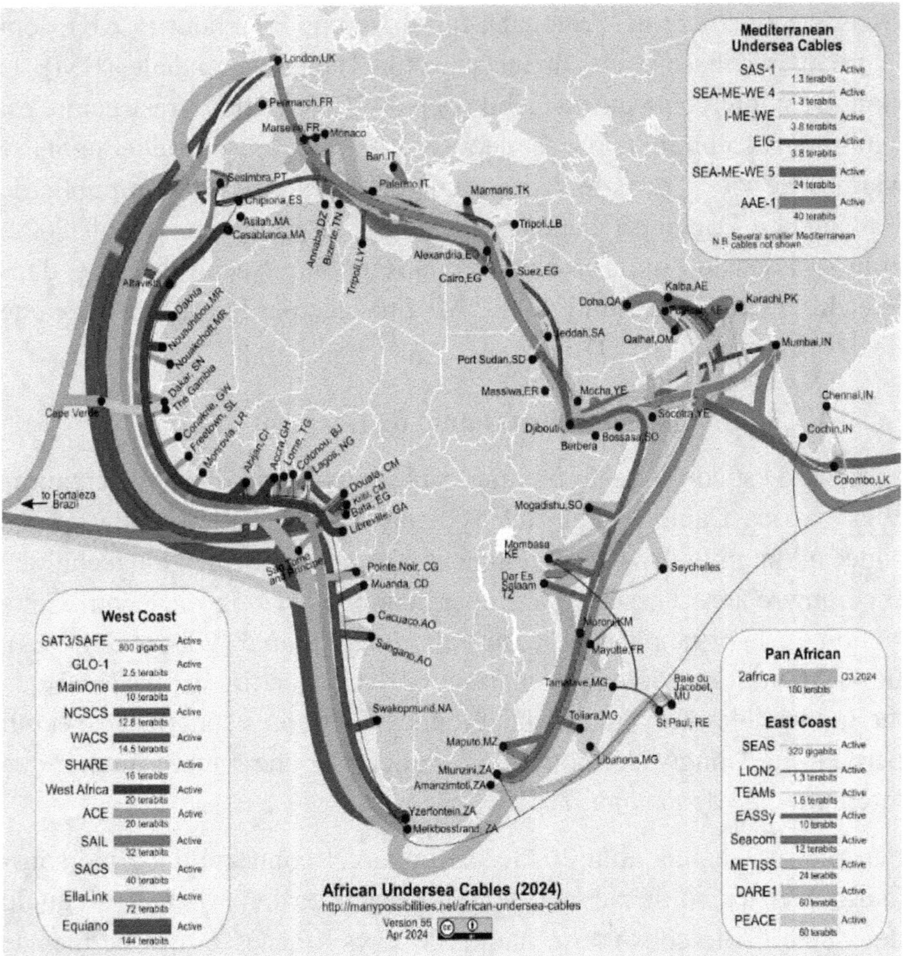

Figure 1 : Câbles sous-marins desservant l'Afrique en 2024

Bien que les zones urbaines bénéficient d'un accès croissant au haut débit, avec ses infrastructures de connexion, les zones rurales restent largement exclues et ne disposent pas suffisamment d'infrastructures. Cependant, malgré ces réalisations, plusieurs défis freinent encore le développement numérique au Congo.

1.1.4. Les Datacenters

L'infrastructure numérique du Congo est en pleine expansion, avec des initiatives notables visant à renforcer la souveraineté numérique du pays. Un élément central de cette stratégie est la construction d'un nouveau datacenter national à Brazzaville, financé par la Banque africaine de développement. Ce centre de données, dont l'achèvement est prévu pour décembre 2024, positionne le Congo comme le seul pays d'Afrique centrale à disposer de son propre datacenter national.

En plus de cette initiative, le ministère des Finances et du Budget a inauguré en 2019 un datacenter dédié, situé au sein de ses locaux à Brazzaville. Ce centre vise à améliorer la gestion et la sécurisation des données financières du pays.

Source : Ministère de l'Économie et des Finances

À cela nous pouvons ajouter que l'Agence de Régulation des Postes et des Communications Électroniques (ARPCE) du Congo a joué un rôle central dans le développement des infrastructures numériques du pays en construisant deux centres de données (datacenters).

- **Datacenter de Brazzaville (2021)** : inauguré en 2021, ce datacenter est situé au siège de l'ARPCE à Brazzaville. Il abrite le point d'échange Internet congolais (CGIX), facilitant ainsi l'interconnexion des fournisseurs de services Internet locaux. Le centre est équipé de systèmes d'alimentation électrique redondants et de solutions de refroidissement avancées pour assurer une performance optimale des serveurs.
- **Datacenter de Pointe-Noire (2024)** : En mai 2024, l'ARPCE a mis en service un datacenter de type Tier 3 à Pointe-Noire, en lien avec le câble sous-marin 2 Africa. Ce centre, d'une superficie de 156 m², offre une capacité de stockage de 54 racks, répartis en trois confinements de 18 racks chacun. Il a nécessité un investissement de 3,8 milliards de francs CFA (environ 6,3 millions de dollars) et a été construit sur une période de deux ans.

Les principaux opérateurs de télécommunications au Congo, tels que MTN et Airtel, quant à eux exploitent leurs propres infrastructures pour soutenir leurs services. Cependant, les informations publiques détaillées sur leurs infrastructures spécifiques sont limitées. Il est probable que ces opérateurs disposent de centres de données internes pour gérer leurs opérations, mais peu de détails sont disponibles concernant leur nombre, leur localisation ou leurs spécifications techniques.

Le Congo continue de renforcer son infrastructure numérique avec des projets tels que le datacenter national en construction à Brazzaville, financé par la Banque africaine de développement. Ce centre vise à héberger les données publiques ainsi que celles des opérateurs télécoms, des banques et des compagnies d'assurance, renforçant ainsi la souveraineté numérique du pays.

En résumé, l'ARPCE a établi au moins deux datacenters actifs au Congo, à Brazzaville et Pointe-Noire. Bien que les opérateurs télécoms possèdent probablement leurs propres centres de données, les informations publiques à leur sujet sont limitées. Le développement continu de ces infrastructures est essentiel pour soutenir la croissance numérique et économique du pays. Ces développements témoignent de la volonté du Congo de moderniser son infrastructure numérique et de garantir une meilleure gestion de ses données. Toutefois, pour une évaluation précise du nombre total de datacenters actifs dans le pays, des informations actualisées seraient nécessaires.

1.1.5. Les Projets d'infrastructures

La République du Congo a également initié des projets de grandes envergures afin de déployer des infrastructures numériques sur l'ensemble du territoire national, les principaux projets sont :

1.1.5.1. Projet de Couverture Nationale (PCN)

Le Projet de Couverture Nationale (PCN) est un programme phare du gouvernement congolais visant à développer et étendre l'infrastructure numérique à travers tout le territoire. Le PCN poursuit plusieurs ambitions :

- Assurer une couverture nationale complète grâce au déploiement de fibre optique jusque dans les zones les plus reculées.
- Renforcer les interconnexions transfrontalières, en particulier avec le Cameroun et la République centrafricaine.

- Moderniser le réseau national pour soutenir la transition numérique du pays et améliorer l'accès à Internet pour tous.

Le projet est déployé en plusieurs phases, démarré **en 2011, les phases initiales (première et deuxième phases) sont achevées en 2022**. Elles ont consisté à déployer plus de **4 000 km de fibre optique**, reliant les principales villes et points stratégiques. Ces phases initiales ont permis le déploiement de plus de 4 000 km de fibre optique, incluant des installations aériennes et souterraines, ainsi que plus de 3 500 km de fibre optique pour le réseau de transport. À cette date, la connexion des principales villes, l'amélioration de la qualité des services de télécommunications, et la préparation du terrain pour une couverture plus étendue sont réalisées.

La troisième phase du Projet de Couverture Nationale (PCN3) a été planifiée pour étendre davantage le réseau de fibre optique du pays. Un contrat commercial pour cette phase, identifié sous le numéro 2015-031/PR/AS/DGGT, a été signé le 15 juillet 2015 entre le ministère de l'Aménagement du Territoire, la Délégation Générale des Grands Travaux du Congo et Huawei Technologies Co., Limited Extension. Cependant, la mise en œuvre de cette troisième phase, qui vise notamment la connexion des ménages, a rencontré des difficultés financières, retardant son avancement. Cette phase inclut également la construction de deux réseaux de fibre optique dans le nord, visant à relier le Congo au Cameroun et à la République centrafricaine.

Cette phase a pour principal objectif d'étendre la couverture du réseau de fibre optique à l'ensemble du territoire national, avec un accent particulier sur les zones rurales et éloignées, et renforcer les capacités de Congo Telecom, l'opérateur national. À date, seule la construction de deux réseaux de fibre optique dans le nord du Congo, visant à relier le pays au Cameroun et à la République centrafricaine a été réalisée, ainsi que la mise en place d'un centre de données (Data Center) essentiel pour l'économie numérique. En conséquence, bien que le contrat ait été signé en 2015, les contraintes budgétaires empêchent le démarrage effectif des travaux de cette phase, à date cette phase est toujours en cours.

Le PCN ambitionne de :

- Réduire les coûts d'accès à Internet pour les ménages et les entreprises.
- Positionner le Congo comme une plaque tournante numérique régionale, notamment grâce à l'interconnexion avec les réseaux internationaux.
- Stimuler l'économie numérique par la création d'opportunités dans les secteurs technologiques.

1.1.5.2. Projet d'Accélération de la Transformation Numérique (PATN)

On retrouve également Le Projet d'Accélération de la Transformation Numérique (PATN) qui est une initiative majeure du gouvernement congolais, soutenue par la Banque mondiale, visant à renforcer l'infrastructure numérique et à promouvoir la digitalisation des services publics au Congo. Le projet PATN officiellement lancé en janvier 2023, est en cours de mise en œuvre.

Les objectifs stratégiques du PATN sont :

- Amélioration de l'accès au numérique : Le projet vise à étendre la connectivité Internet, en particulier dans les zones mal desservies, afin de réduire la fracture numérique et de garantir un accès équitable aux services numériques pour tous les citoyens.
- Renforcement des compétences numériques : Le PATN prévoit la formation de nombreux jeunes aux compétences numériques avancées, favorisant ainsi l'innovation et la création d'entreprises technologiques locales.
- Digitalisation des services publics : En modernisant les infrastructures et en intégrant des solutions numériques, le projet vise à améliorer l'efficacité et la transparence des services gouvernementaux, facilitant ainsi les interactions entre l'État et les citoyens.
- Promotion de l'économie numérique : En soutenant les initiatives technologiques et en améliorant l'accès aux services

numériques, le PATN cherche à positionner le Congo comme un acteur clé de l'économie numérique en Afrique centrale.

Les composantes principales du PATN sont :

- Développement des infrastructures numériques : Construction et modernisation des réseaux de télécommunications pour assurer une couverture Internet fiable et de haute qualité sur l'ensemble du territoire.
- Formation et renforcement des capacités : Mise en place de programmes éducatifs et de formations spécialisées pour doter la population, notamment les jeunes, des compétences nécessaires à l'utilisation et au développement des technologies numériques.
- Digitalisation des services gouvernementaux : Intégration de solutions numériques dans les services publics pour améliorer leur accessibilité, leur efficacité et leur transparence.

Le PATN bénéficie d'un financement significatif, avec des contributions majeures de la Banque mondiale et d'autres partenaires internationaux, totalisant environ 89,4 milliards de francs CFA.

ANSSI[1] : Suite au Conseil des ministres du 18/12/24, le Congo se dote d'un Directeur Général de l'ANSSI, lors de cette session, Monsieur Conrad Onésime OBOULHAS TSAHAT, docteur en technologie d'application informatique, a été nommé Directeur Général de l'Agence Nationale de Sécurité des Systèmes d'Information (ANSSI). Cette nomination marque une avancée majeure dans la structuration de notre gouvernance en cybersécurité.

Tableau 1 : Présentation synthétique de l'Analyse du PATN

Phase	Progrès réalisés	Défis identifiés
1. Renforcement du cadre juridique et institutionnel	- ADEN opérationnelle avec des équipements en cours d'acquisition. - Stratégie « Vision Congo Digitale 2030 » en finalisation.	- ANSSI[1] toujours non opérationnelle (absence de nominations clés). - Retard dans le lancement de certaines stratégies.
2. Développement des compétences numériques	- Cadre national présenté au Salon Osiane. - Formations prévues pour 1200 jeunes et groupes vulnérables.	- Formation encore non démarrée. - Capacité technique limitée dans les institutions éducatives.
3. Inclusion numérique	- Appels d'offres en cours pour migration 2G vers 3G et nouveaux sites ruraux. - Progrès sur la connectivité haut débit pour les universités et MDAs.	- Retards dans les appels d'offres et le déploiement. - Couverture des zones rurales toujours insuffisante.
4. Digitalisation des services publics	- Développement du Système intégré des Faits d'État Civil (SIFEC), avec phase pilote prévue en 2025. - Recrutement en cours pour le portail e-Gov.	- Retards dans la numérisation des registres. - Projets dépendant encore de finalisations administratives.
5. Renforcement des capacités d'hébergement de données	- Études en cours pour évaluer les besoins et proposer des solutions durables.	- Coordination limitée dans la passation des marchés pour ces activités.
Transversal : Finances et gestion de projet	- Décaissement total à 14 %, avec 10,97 M$ utilisés. - Renforcement prévu de l'UGP avec des consultants spécialisés.	- Faible taux de décaissement dû aux retards dans la passation des marchés et la contractualisation.

Sources : Mission d'Appui à la Mise en œuvre du PATN Rapport Avril 2024

Le Congo se situe entre la **phase 2** (digitalisation des services publics) et la **phase 3** (inclusion numérique), avec des progrès tangibles dans les infrastructures de base mais des retards importants dans la mise en œuvre des projets clés et des problématiques de coordination interinstitutionnelle.

1.1.5.3. Le projet FASUCE

Le Fonds pour l'Accès et le Service Universels des Communications Électroniques (FASUCE) est un dispositif stratégique mis en œuvre par l'ARPCE depuis 2020, avec pour objectif principal la réduction de la fracture numérique et l'inclusion sociale des populations rurales et défavorisées.

Dans l'optique de réduire la fracture numérique et permettre à chaque Congolais d'accéder à un minimum de Services de Communications Électroniques à des tarifs abordables et non discriminatoires sur tout le territoire national ; l'État a créé, par la loi n° 9-2009 du 25 novembre 2009 portant réglementation du secteur des Communications Électroniques, le Fonds pour l'Accès et le Service Universels des Communications Électroniques (FASUCE).

Les objectifs stratégiques du FASUCE sont :

- Assurer la couverture des zones blanches (non connectées) en téléphonie mobile et Internet.
- Connecter les établissements scolaires à Internet à travers l'équipement de salles multimédias.
- Soutenir la digitalisation des services essentiels (éducation, santé, administration).
- Encourager l'appropriation du numérique par les populations via des programmes d'équipement et de formation.

Tableau 2 : Présentation synthétique des avancées du FASUCE

Couverture des zones blanches	**Connectivité scolaire**	**Autres actions phares (2021–2025)**
En 2020, **33 localités rurales** ont été connectées (contre 7 prévues), soit **471 % de l'objectif initial** grâce au partenariat avec **MTN** et **Africa Mobile Network (AMN)**. Chaque site est aujourd'hui opérationnel, avec une couverture téléphonique effective et une desserte Internet mobile.	**13 salles multimédias** ont été construites ou rénovées dans des écoles, lycées et universités à Brazzaville, Pointe-Noire, Oyo, Dolisie, Ouesso, Kinkala, etc. Certaines sont déjà connectées à Internet ; d'autres sont en cours de câblage ou d'équipement.	**Connexion de plus de 150 zones blanches** supplémentaires en 5 ans. **Création de 20 centres multimédias, 50 bibliothèques numériques**, et dotation de **130 000 femmes** en compétences numériques. **Digitalisation d'établissements sanitaires, distribution de téléphones FASUCE** dans les zones reculées, et **déploiement de tablettes de santé connectées** pour les centres de soins. **Migration progressive de la 2G vers la 3G** dans les zones rurales, en lien avec le PATN.

Source : https://fasuce.cg/rapportActivite.php

Tandis que le PCN vise les grandes dorsales nationales et le PATN la digitalisation des services publics, le FASUCE agit au plus près des communautés locales, avec des impacts visibles à court terme. Il contribue activement à l'inclusion numérique, en ciblant les zones non rentables pour les opérateurs, et en orientant les investissements vers l'humain.

1.2. Le marché de l'Internet mobile au Congo en 2023

Le marché de l'Internet mobile en République du Congo est en pleine croissance, avec une augmentation significative du nombre d'abonnés, de la consommation de données, et une adoption croissante des technologies modernes comme la 4G. Cependant, ce marché est marqué par une forte concentration autour de deux opérateurs principaux, MTN et Airtel, et des disparités régionales dans l'accès aux services. Le taux de pénétration de l'Internet mobile en 2023 s'élève à **59,7 %**, en hausse par rapport à 55,7 % en 2022 et 41,4 % en 2019.

Tableau 3 : Présentation synthétique du marché de l'internet mobile

Catégorie	Données clés (2023)	Commentaires
Taux de pénétration	59,7 %	Progression notable par rapport à 2022 (+4 %). Le marché bénéficie d'une adoption croissante des technologies 3G et 4G.
Nombre total d'abonnés	3,431 millions	Hausse de 13,2 % par rapport à 2022. Les abonnés prépayés représentent **98,2 %** du total.
Parts de marché par opérateur	- MTN : **67,2 %** (2,305 millions). - Airtel : **32,8 %** (1,127 million).	MTN domine le marché grâce à une meilleure infrastructure et une forte adoption de la 4G.
Technologies utilisées	- **4G** : 44,4 % - **3G** : 31,5 % - **2G** : 24,1 %	La 4G continue de croître fortement (+23,9 % d'abonnés en 2023), tandis que la 2G est en déclin.
Trafic total	69,485 milliards de Mo	Hausse de 63,6 % par rapport à 2022. La **4G** représente 70,1 % du trafic total, contre 28,9 % pour la 3G et seulement 0,5 % pour la 2G.
Trafic par opérateur	- MTN : **59,8 %** - Airtel : **40,2 %**	Airtel progresse légèrement grâce à une politique tarifaire agressive.
Revenus totaux	56,823 milliards de F CFA	Augmentation de 10,8 % par rapport à 2022. Les revenus de la 4G représentent **70,4 %** du total, suivis par la 3G (29,1 %) et la 2G (0,5 %).
Tarifs moyens pondérés	0,82 F CFA/Mo	En baisse de 32,3 % par rapport à 2022, reflétant une politique tarifaire agressive visant à démocratiser l'accès à Internet.
Élasticité prix de la demande	-2,0	Indique une sensibilité élevée à la baisse des prix : une réduction de 32,3 % des tarifs a entraîné une augmentation de 63,6 % du trafic.

Source : https://www.arpce.cg/rapports

L'année 2023 a marqué une transition vers des services Internet plus accessibles et performants au Congo, avec une prédominance de la 4G. Les efforts des opérateurs pour réduire les tarifs tout en augmentant la qualité des services ont été bien accueillis, comme le montrent les fortes augmentations du trafic et du nombre d'abonnés. Toutefois, le faible taux de pénétration en zones rurales et la lente transition depuis la 2G restent des défis majeurs pour une inclusion numérique totale.

1.3. GSMA Mobile Connectivity Index

Le GSMA est une organisation mondiale qui rassemble l'écosystème de la téléphonie mobile afin de découvrir, de développer et de proposer des innovations, pour soutenir les efforts du secteur de la téléphonie mobile qui visent à stimuler la connectivité à l'Internet mobile et à accélérer l'inclusion numérique, elle a mis en place l'indice de connectivité mobile (MCI, de l'anglais Mobile Connectivity Index) qui mesure et suit les catalyseurs de la connectivité à l'Internet mobile. Le GSMA Mobile Connectivity Index évalue la performance de 170 pays en matière de connectivité mobile, en se concentrant sur les principaux facteurs facilitant l'adoption de l'internet mobile. Le score de 34,4 attribué au Congo reflète sa position relative par rapport à d'autres nations en termes de connectivité mobile.

L'indice est structuré autour de quatre piliers principaux, chacun composé de plusieurs indicateurs spécifiques :

- Infrastructure : Évalue la disponibilité et la qualité des réseaux mobiles, y compris la couverture réseau, la performance et la disponibilité de l'électricité.
- Abordabilité : Mesure le coût des services mobiles et des appareils par rapport aux revenus, ainsi que la compétitivité du marché.
- Préparation des consommateurs : Analyse les compétences numériques, la sensibilisation à l'internet mobile et les aspects culturels ou sociaux influençant l'adoption.
- Contenu et services : Examine la disponibilité de contenus locaux pertinents, la diversité des services en ligne et la présence de domaines internet locaux.

Chaque indicateur est normalisé et pondéré pour calculer un score composite pour chaque pilier. Les scores des quatre piliers sont ensuite agrégés pour obtenir le score final de chaque pays, compris entre 0 et 100. Le GSMA Mobile Connectivity Index révèle que :

- Accessibilité : Seulement 30% de la population congolaise accède à des services mobiles 4G.
- Infrastructure : Le score global du Congo en matière d'infrastructure est faible, mais des progrès notables sont réalisés grâce au PCN.
- Coûts : Les coûts restent parmi les plus élevés en Afrique centrale, freinant l'adoption.

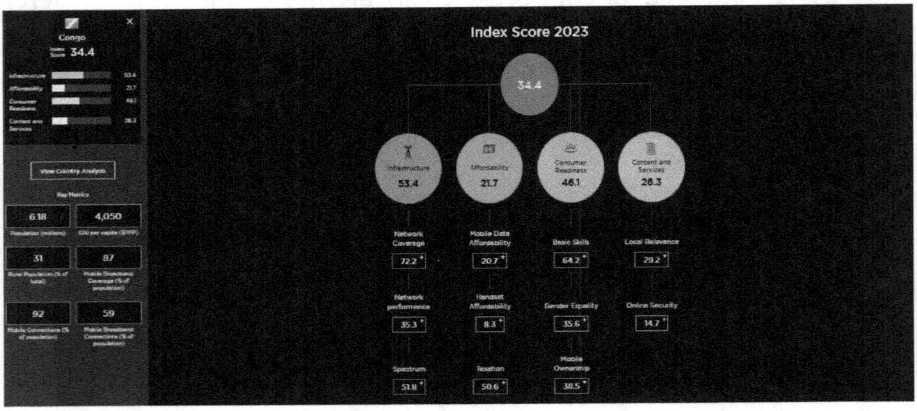

Figure 2 : Détails Indice de score du Congo

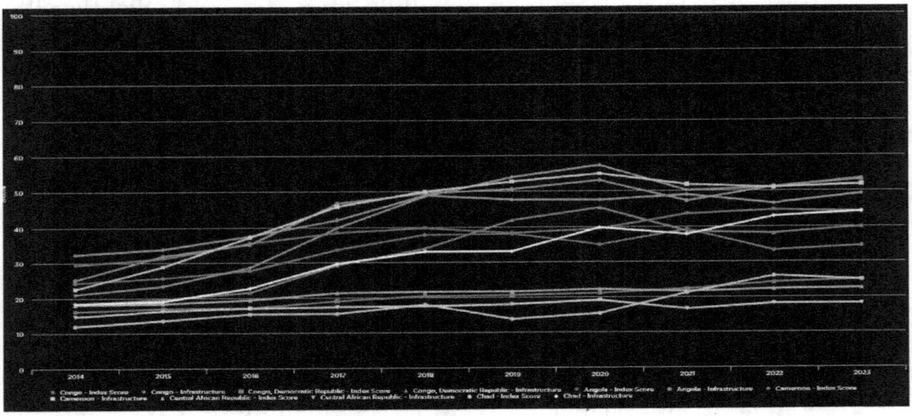

Figure 3 : Comparaison des scores du Congo, Cameroun, Gabon, Tchad, RCA, RDC

1.4. Enjeux et limites des infrastructures

Pour un pays aspirant au statut de pays émergent, l'infrastructure numérique doit répondre aux standards internationaux et inclure les éléments suivants :

- Réseaux de télécommunications avancés : Une dorsale nationale de fibre optique interconnectée avec des câbles sous-marins et des réseaux régionaux pour garantir une connectivité internationale fiable. Une couverture mobile universelle avec des standards tels que la 4G et, idéalement, la 5G dans les zones urbaines et semi-urbaines.
- Centres de données locaux : Des datacenters régionaux offrant des capacités de stockage, de traitement des données et de cloud computing tout en assurant la souveraineté numérique.
- Accessibilité pour tous : Des infrastructures permettant des connexions abordables pour les citoyens et les entreprises, y compris dans les zones rurales.
- Réglementation adaptée et proactive : Un cadre législatif qui stimule l'investissement, protège les consommateurs et garantit un environnement de cybersécurité robuste.
- Technologies émergentes : Intégration de solutions innovantes telles que l'intelligence artificielle (IA), l'Internet des objets (IoT) et les plateformes de big data.
- Capacité de maintenance et évolutivité : Des ressources humaines qualifiées et des mécanismes de financement pour entretenir et moderniser les infrastructures.

Au regard des éléments analysés, l'émergence numérique du Congo à l'horizon 2025 dépendra de sa capacité à surmonter certains défis structurels tout en tirant parti des avancées en cours. Le déploiement de la fibre optique, les interconnexions transfrontalières, et les projets comme le PCN et le PATN constituent des piliers solides pour cette transition. Cependant, le succès de cette transformation numérique exige des efforts accrus.

Si ces priorités sont intégrées et mises en œuvre efficacement, le Congo pourrait non seulement atteindre son objectif d'émergence dans les années à venir, mais aussi se positionner comme un leader numérique en Afrique centrale. Cela permettrait de stimuler l'économie nationale, d'améliorer les conditions de vie de la population et de renforcer la compétitivité du pays sur la scène internationale.

1.4.1. Analyse SWOT

Afin d'évaluer de manière stratégique l'état actuel de l'infrastructure numérique du Congo et d'identifier les leviers de développement, une analyse SWOT (Forces, Faiblesses, Opportunités et Menaces) de l'infrastructure numérique congolaise mettrait en lumière les atouts et les défis liés aux initiatives en cours, tout en proposant des pistes pour surmonter les obstacles et tirer parti des opportunités offertes par la transformation numérique.

Tableau 4 : Présentation analyse SWOT

Forces (Strengths) Les points forts de l'infrastructure numérique au Congo résultent des investissements significatifs dans les réseaux de télécommunications, des efforts de digitalisation et de la volonté gouvernementale d'accélérer la transformation numérique.	
Déploiement d'infrastructures stratégiques	Le Congo dispose de 5 400 km de fibre optique, déployés via le projet Central African Backbone (CAB) et le Projet de Couverture Nationale (PCN). Cette infrastructure connecte les grandes villes comme Brazzaville, Pointe-Noire et Ouesso, et assure des interconnexions régionales avec le Gabon, le Cameroun et la RDC. Elle est renforcée par l'accès aux câbles sous-marins WACS et 2Africa, garantissant une connexion à haut débit avec le reste du monde.
Présence de datacenters nationaux	Le Congo a mis en place deux datacenters majeurs à Brazzaville et Pointe-Noire, gérés par l'ARPCE. Un datacenter national, financé par la Banque africaine de développement, est en cours de construction. Ces infrastructures sont cruciales pour renforcer la souveraineté numérique et réduire la dépendance aux datacenters étrangers.
Initiatives gouvernementales et financements internationaux	Le Projet de Couverture Nationale (PCN) et le Projet d'Accélération de la Transformation Numérique (PATN) visent à moderniser le réseau et à digitaliser les services publics. Ces initiatives sont soutenues par des partenaires comme la Banque mondiale et la BAD, garantissant un accompagnement financier et technique.
Adoption croissante des technologies numériques	Le taux de pénétration de l'Internet mobile a atteint 59,7 % en 2023, avec une hausse des abonnés 4G et une forte augmentation du trafic Internet mobile (+63,6 % en un an). Cela démontre une transition vers des services numériques plus avancés, notamment en milieu urbain.
Faiblesses (Weaknesses) Malgré ces progrès, des faiblesses structurelles et opérationnelles freinent le développement numérique du pays	

Retards élevés dans la mise en œuvre des projets	Le PCN a été lancé en 2011, mais la troisième phase n'a démarré qu'en 2024 en raison de contraintes budgétaires et administratives. De même, le datacenter national, pourtant financé, prend du retard. Ces délais ralentissent la modernisation du pays et nuisent à la compétitivité numérique du Congo.
Faible couverture des zones rurales	Bien que les zones urbaines bénéficient d'un accès croissant au haut débit, les régions rurales restent largement exclues. L'absence d'infrastructures adaptées empêche une inclusion numérique complète et limite le développement économique hors des grandes villes.
Coût élevé de l'accès à Internet	Malgré les investissements, le tarif moyen du mégaoctet reste élevé par rapport au pouvoir d'achat moyen. Ce coût freine la démocratisation d'Internet et empêche certaines couches de la population d'accéder aux services numériques essentiels.
Manque de formation et de compétences techniques	Le développement d'une économie numérique performante nécessite des techniciens et ingénieurs qualifiés pour gérer et maintenir les infrastructures. Or, le Congo souffre d'un déficit de formation dans le domaine des TIC, rendant difficile l'exploitation optimale des réseaux existants.
Fragmentation des données et manque de coordination	Plusieurs institutions gèrent les infrastructures numériques (ARPCE, Congo Telecom, divers ministères), mais l'absence de base de données centralisée et de cadastre numérique complique le suivi et l'optimisation des investissements.
Opportunités (Opportunities) Le Congo dispose de nombreuses opportunités pour accélérer sa transformation numérique, améliorer son attractivité et renforcer son indépendance technologique.	
Expansions régionales et interconnexions transfrontalières	Le développement du Central African Backbone (CAB) permet au Congo de renforcer sa connectivité avec les pays voisins, créant des opportunités pour le commerce et la coopération numérique.
Baisse progressive des	L'augmentation des infrastructures (datacenters, interconnexions, câbles sous-marins) devrait

coûts d'accès à Internet	permettre une réduction progressive des coûts et une meilleure accessibilité à Internet pour la population.
Croissance du marché du numérique	L'essor des services numériques (e-commerce, fintech, e-administration) ouvre la voie à un marché en pleine expansion, attirant des investisseurs et des entrepreneurs locaux.
Développement de nouveaux datacenters	La construction de datacenters nationaux favorise l'hébergement local des données et renforce la souveraineté numérique du pays, tout en attirant des entreprises technologiques internationales.
Financement international et soutien institutionnel	La Banque mondiale et la BAD financent plusieurs projets numériques. Le gouvernement peut mobiliser d'autres fonds pour accélérer le déploiement des infrastructures et des services.
Menaces (Threats) Malgré ces opportunités, certains risques pourraient freiner le développement numérique du pays.	
Dépendance financière aux bailleurs de fonds internationaux	Plusieurs projets (PCN, PATN) sont financés par des institutions étrangères. Un arrêt ou un retard dans ces financements pourrait compromettre la réalisation des infrastructures.
Risque cyber élevé	Avec la digitalisation croissante, le Congo est exposé aux cyberattaques. L'absence de régulation stricte et le faible niveau de sensibilisation accroissent cette exposition.
Concurrence régionale accrue	Des pays voisins comme le Gabon et le Cameroun investissent massivement dans leurs infrastructures numériques. Le Congo risque de perdre en attractivité pour les investisseurs.
Instabilité économique et politique	Tout ralentissement économique ou toute crise politique pourrait geler les investissements dans le numérique, entraînant un ralentissement des projets stratégiques.

Le Congo a amorcé une transformation numérique prometteuse, caractérisée par des avancées significatives dans le déploiement de la fibre optique et la modernisation des infrastructures de télécommunications. Des projets ambitieux tels que le Projet de

Couverture Nationale (PCN) et le Projet d'Accélération de la Transformation Numérique (PATN) témoignent d'un engagement clair en faveur de la connectivité et de la digitalisation.

Cependant, des défis majeurs subsistent. Les zones rurales restent largement sous-connectées, les coûts d'accès à Internet demeurent élevés, et la formation des techniciens nécessaires au maintien des infrastructures est insuffisante. La transition vers des technologies modernes comme la 4G progresse, mais elle doit s'accompagner d'efforts accrus pour garantir une accessibilité universelle et équitable.

L'avenir de la transformation numérique au Congo repose sur la mise en œuvre réussie des phases suivantes :

- L'élargissement de la couverture aux zones rurales pour réduire la fracture numérique.
- La baisse des coûts d'accès afin de démocratiser l'utilisation de l'Internet mobile.
- Le renforcement des capacités humaines pour garantir l'évolutivité et la maintenance des infrastructures.

En surmontant ces obstacles, le Congo pourrait se positionner comme un acteur clé de l'économie numérique en Afrique centrale, stimulant ainsi l'innovation, la croissance économique et l'amélioration des conditions de vie de ses citoyens.

Chapitre 2

Cadre législatif et réglementaire

La cybersécurité est aujourd'hui un enjeu majeur pour les États, les entreprises et les citoyens, particulièrement dans un monde de plus en plus connecté. Au Congo, le développement des technologies numériques a ouvert de nouvelles opportunités, mais a également exposé le pays à des menaces croissantes, telles que la cybercriminalité, les violations de données et les attaques sur les infrastructures critiques. Face à ces défis, la mise en place d'un cadre législatif et réglementaire est indispensable pour encadrer les activités numériques, protéger les utilisateurs et garantir la souveraineté numérique nationale.

Ce chapitre propose une analyse détaillée des lois, réglementations et initiatives en vigueur au Congo dans le domaine de la cybersécurité. Nous examinerons ce cadre juridique, les principaux textes législatifs adoptés, ainsi que le rôle des institutions clés. L'objectif est de mettre en lumière les forces et les faiblesses de la législation congolaise face aux exigences croissantes d'un cyberespace sécurisé.

Enfin, ce chapitre offrira une perspective comparative avec d'autres pays africains, afin d'identifier les bonnes pratiques susceptibles d'inspirer des améliorations locales. Cette exploration s'inscrit dans une démarche d'évaluation critique pour souligner les défis persistants et les opportunités d'évolution, ouvrant ainsi la voie à des recommandations concrètes dans les chapitres suivants.

Le Global Cybersecurity Index (GCI), créé par l'Union Internationale des Télécommunications (UIT), mesure l'engagement des pays en matière de cybersécurité.

Il est conçu pour :

- Évaluer les efforts nationaux : fournir une vue d'ensemble des mesures prises pour renforcer la cybersécurité;
- Encourager l'amélioration continue : identifier les lacunes et les opportunités pour les pays en matière de cybersécurité;

- Favoriser la coopération internationale : stimuler la collaboration entre les gouvernements, les organisations et les parties prenantes.

Le Global Cybersecurity Index (GCI) est un peu comme un examen de santé pour les pays, mais pour leur système informatique ! Il permet de mesurer comment chaque pays se débrouille pour protéger ses ordinateurs, ses réseaux et toutes les données importantes qui s'y trouvent.

Celui-ci classe les pays selon leur engagement en cybersécurité en utilisant un modèle basé sur cinq niveaux (tiers), il attribue une note aux pays sur une échelle de 0 à 100, sachant que 100 étant le score maximum pouvant être attribué. Ces notes sont ensuite regroupées en tiers (niveaux) pour refléter les performances :

- **Tier 1 : Role-modelling (95-100 points)** : Pays leaders en cybersécurité ayant une stratégie mature et coordonnée.
- **Tier 2 : Advancing (85-95 points) :** Pays démontrant un engagement solide mais nécessitant des améliorations sur certains aspects.
- **Tier 3 : Establishing (55-85 points)** : Pays ayant des bases solides en cybersécurité mais manquant de coordination complète.
- **Tier 4 : Evolving (20-55 points)** : Pays en développement de leur cadre de cybersécurité.
- **Tier 5 : Building (<20 points)** : Pays au début de la mise en place de mesures de cybersécurité.

Dans son Edition 2024, le GCI classe le Congo Tier 4 : Evolving, ce qui signifie qu'il démontre un engagement de base en matière de cybersécurité, mais qu'il reste des efforts considérables à fournir pour aligner son cadre sur les standards internationaux.

Tier Performance: Africa

T5 *Building*	T4 *Evolving*	T3 *Establishing*	T2 *Advancing*	T1 *Role-modelling*
Burundi	Angola	Botswana	Benin	Ghana
Central African Rep.	Cabo Verde	Burkina Faso	South Africa	Kenya
Eritrea	Chad	Cameroon	Togo	Mauritius
Guinea-Bissau	Congo (Rep. of the)	Côte d'Ivoire	Zambia	Rwanda
	Equatorial Guinea	Dem. Rep. of the Congo		Tanzania
	Gabon	Eswatini		
	Lesotho	Ethiopia		
	Liberia	Gambia		
	Madagascar	Guinea		
	Mali	Malawi		
	Namibia	Mozambique		
	Niger	Nigeria		
	Sao Tome and Principe	Senegal		
	Seychelles	Sierra Leone		
	South Sudan	Uganda		
	Zimbabwe			

Figure 4 : Performance Tier de l'Afrique

Afin d'évaluer précisément les efforts des pays en matière de cybersécurité, le GCI repose sur cinq piliers fondamentaux, chacun représentant une dimension clé de la sécurité numérique :

- **Mesures légales :** Cela concerne l'existence de lois et de réglementations spécifiques à la cybersécurité, ainsi que leur efficacité.
- **Mesures techniques** : Ce pilier évalue les infrastructures technologiques, les outils de sécurité utilisés, et la capacité à détecter et répondre aux cyberattaques.
- **Mesures organisationnelles** : Il s'agit de l'organisation des structures gouvernementales et des entreprises pour la cybersécurité, la coordination entre les différents acteurs, et la mise en place de plans de réponse aux incidents.

- **Développement des capacités** : Ce pilier mesure les efforts d'un pays pour former des professionnels de la cybersécurité, mener des recherches, et sensibiliser le public aux risques.
- **Coopération :** Il s'agit de la collaboration d'un pays avec d'autres nations pour partager des informations, développer des normes communes, et lutter contre la cybercriminalité à l'échelle mondiale.

Les mesures légales représentent le pilier le plus solide pour de nombreux pays. Ces critères incluent :

- **La législation sur la cybercriminalité** : Existence de lois définissant les activités cybercriminelles et les sanctions associées.
- **La protection des données personnelles et de la vie privée** : Adoption de régulations similaires au GDPR ou des normes internationales.
- **Les notifications des violations de données** : Cadres obligeant les organisations à signaler les violations de données dans un délai précis.
- **Les infractions en ligne** : Harmonisation des sanctions entre activités en ligne et hors ligne pour garantir l'application uniforme des lois.

Dans cette optique, il est pertinent d'examiner comment le Congo se positionne dans le classement du GCI et quels sont les axes d'amélioration identifiés. Dans son rapport le GCI attribue une pondération **14,12/20** en ce qui concerne les mesures légales. Cela signifie que le Congo dispose d'un cadre légal acceptable, bien que cette note semble être supérieure à la moyenne celle-ci ne prend néanmoins pas en compte les aspects relatifs au respect de l'application de ce cadre règlementaire.

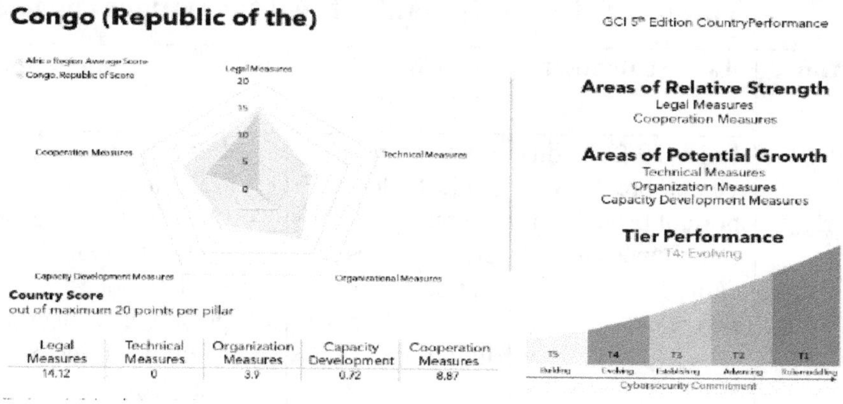

Figure 5 : Présentation des niveaux de pondération par pilier du Congo

1.1. Textes législatifs et réglementations actuels

La régulation en matière de cybersécurité repose sur trois niveaux complémentaires : national, sous-régional et international. Au niveau national, le Congo a mis en place des lois spécifiques pour encadrer les activités numériques et protéger les citoyens. Ces efforts s'inscrivent dans une dynamique régionale, portée par des initiatives telles que la **Convention de Malabo**, qui vise à harmoniser les législations des pays africains. Enfin, au niveau international, des accords tels que la **Convention de Budapest** offrent un cadre global pour lutter contre la cybercriminalité et renforcer la coopération entre États.

1.1.1. Au niveau national

Tableau 5 : Textes législatifs et réglementations congolais

Année	Loi / règlements	Champ d'application	Principales obligations :
2019	Loi n°29-2019 du 10 octobre 2019 portant protection des données à caractère personnel	Cette loi régit la collecte, le traitement et le stockage des données personnelles des individus.	- Les responsables de traitement doivent obtenir le consentement explicite des personnes concernées avant de collecter leurs données. - Ils doivent assurer la confidentialité et la sécurité des données collectées. - En cas de violation de données, une notification doit être adressée aux autorités compétentes et aux personnes concernées.
2020	Loi n°27-2020 du 5 juin 2020 portant lutte contre la cybercriminalité	Cette loi définit et réprime les infractions liées aux technologies de l'information et de la communication.	- Les entreprises doivent sécuriser leurs systèmes d'information pour prévenir les cyberattaques. - Les utilisateurs sont tenus de signaler tout incident de sécurité aux autorités compétentes.
2020	Loi n°26-2020 du 5 juin 2020 relative à la cybersécurité	Cette loi établit le cadre juridique national pour la sécurité des systèmes d'information et	- Les opérateurs de services essentiels doivent mettre en place des mesures de sécurité appropriées

		des réseaux de communications électroniques.	pour protéger leurs infrastructures. - Les incidents de sécurité significatifs doivent être signalés aux autorités compétentes.
2020	Loi n°43-2020 du 20 août 2020 autorisant la ratification de la Convention de l'Union africaine sur la cybersécurité et la protection des données à caractère personnel	Cette loi autorise la ratification de la Convention de Malabo, visant à harmoniser les législations africaines en matière de cybersécurité et de protection des données personnelles.	- Le Congo s'engage à aligner sa législation nationale sur les standards établis par la Convention. - Promotion de la coopération régionale en matière de cybersécurité.
2020	Décret n°2020-286 du 20 août 2020 portant ratification de la Convention de l'Union africaine sur la cybersécurité et la protection des données à caractère personnel	Ce décret officialise la ratification de la Convention de Malabo par la République du Congo.	- Mise en œuvre des dispositions de la Convention au niveau national. - Renforcement des capacités nationales en matière de cybersécurité et de protection des données.

En mars 2025, la Loi n°5–2025 du 29 mars 2025, portant création de la Commission Nationale pour la Protection des Données à Caractère Personnel (CNPDCP), intervient plus de cinq ans après la promulgation de la Loi n°30-2019 du 10 octobre 2019, relative à la protection des données à caractère personnel. Ce décalage temporel important met en lumière un problème fondamental de cohérence et de planification stratégique dans le domaine de la régulation numérique au Congo.

Durant cette période d'inertie institutionnelle, aucun organe dédié n'était en mesure de garantir la mise en œuvre effective de la loi de 2019, ni de veiller au respect des droits fondamentaux des citoyens en matière de vie privée numérique. Dans un contexte d'essor rapide des technologies numériques et d'augmentation des risques de violation de la vie privée, cette lenteur fragilise la crédibilité du dispositif légal et ouvre la porte à des abus non sanctionnés. Ce retard est d'autant plus préoccupant qu'il contraste avec les standards internationaux et régionaux, où la mise en place des autorités de protection est souvent concomitante à l'adoption de la législation.

La commission créée par la loi de mars 2025 est composée de 12 membres, dont 11 sont désignés par différentes institutions de l'État (Parlement, Présidence, Ministères, Ordres professionnels, etc.). Si cette diversité d'origine semble a priori gage d'une certaine représentativité institutionnelle, elle soulève néanmoins plusieurs interrogations :

- Aucune disposition n'indique les critères de compétence exigés pour la désignation des membres. Il n'est pas précisé si les représentants doivent avoir une formation en droit du numérique, en cybersécurité, en protection de la vie privée ou en systèmes d'information.
- La composition actuelle favorise une logique de répartition politique ou administrative, plutôt qu'une recherche d'expertise pointue sur des sujets aussi sensibles que le cryptage, la souveraineté numérique, l'anonymisation des données, le consentement explicite ou les transferts transfrontaliers de données.
- L'absence de profil technico-juridique obligatoire pour les membres est une faille majeure : une autorité chargée de protéger les données personnelles doit pouvoir comprendre et anticiper les évolutions technologiques, juger de la conformité d'architectures complexes, auditer des systèmes d'information ou encore se prononcer sur les algorithmes de traitement de données.

Sans compétences clairement définies en cybersécurité, en informatique, en intelligence artificielle ou en gouvernance des données, la commission risque de devenir un organe consultatif déconnecté des enjeux réels, sans capacité à auditer efficacement les opérateurs publics ou privés. De même, sa légitimité pourrait être contestée en l'absence d'experts reconnus ou certifiés dans le domaine.

La crédibilité et l'autorité d'une commission de protection des données résident dans sa capacité à produire des avis techniques solides, à mener des enquêtes de terrain, et à sanctionner les manquements en toute indépendance. La loi actuelle ne prévoit ni qualification minimale exigée, ni procédure transparente de sélection, ni obligation de formation continue pour les commissaires. Cela laisse présager un déficit de compétence structurelle, difficile à combler une fois les membres nommés.

Toutefois, la cybersécurité ne se limite pas aux frontières nationales. Une coopération sous-régionale et internationale est essentielle pour renforcer la résilience face aux menaces cybernétiques

1.1.2. Au niveau sous-régional

Tableau 6 : Principaux textes législatifs et réglementations d'afrique centrale

Année	Loi / règlement	Champ d'application	Principales obligations :
27 juin 2014	Convention de l'Union africaine sur la cybersécurité et la protection des données à caractère personnel (Convention de Malabo)	Cette convention vise à harmoniser les législations des États membres de l'Union africaine en matière de cybersécurité et de protection des données personnelles.	- Établir un cadre juridique pour la protection des données personnelles. - Mettre en place des mesures pour lutter contre la cybercriminalité. - Promouvoir la sécurité des réseaux et des systèmes d'information.
Janvier 2025	Règlement COBAC R-2024/01	Gestion du risque informatique dans les établissements assujettis à la COBAC	- Établir un cadre Gouvernance et gestion du risque informatique - Les établissements doivent garantir la résilience opérationnelle de leurs systèmes face aux menaces numériques.
Décembre 2024	Règlement N°010/CIMA/ PCMA/CE/SG/2024	Sécurité et à la gouvernance des technologies de l'information et de la communication et au plan de continuité d'activités des	- Les entreprises d'assurance doivent mettre en place une structure de gouvernance dédiée à la sécurité des technologies de l'information et

		entreprises d'assurances et de réassurance.	de la communication (TIC) - Chaque entreprise doit élaborer un Plan de Continuité d'Activité structuré, documenté et adapté à ses activités - Les sociétés assujetties doivent mettre en place un système de contrôle interne permanent, incluant la cartographie des risques TIC, la surveillance continue des systèmes et la mise à jour des dispositifs de sécurité.

1.1.3. Au niveau : International

Tableau 7 : Principaux textes législatifs et réglementations Internationales

Année	Loi	Champ d'application	Principales obligations :
23 nov 2001	Convention de Budapest sur la cybercriminalité **(le Congo n'a pas encore adhéré à la Convention de Budapest mais les pouvoirs**	Premier traité international visant à harmoniser les législations nationales en matière de cybercriminalité,	- Criminaliser les infractions telles que l'accès illégal, l'interception illégale, les atteintes à l'intégrité des données et des systèmes.

	publics ont l'intention d'y adhérer et de bénéficier des programmes de renforcement des capacités qui y sont liés)	à améliorer les techniques d'enquête et à augmenter la coopération entre les nations.	- Mettre en place des procédures pour assurer la conservation rapide des données informatiques. - Renforcer la coopération internationale en matière d'investigation et de poursuites judiciaires liées à la cybercriminalité.

1.2. Limites législatives et réglementaires

Bien que le Congo dispose d'un corpus de lois couvrant des aspects de la cybersécurité en passant par la protection des données personnelles et à la lutte contre la cybercriminalité, ce socle normatif reste encore largement théorique dans son application. En effet, plusieurs textes ont été adoptés sans qu'ils soient accompagnés de décrets d'application opérationnels ou de mécanismes concrets de contrôle. Cette situation limite considérablement leur efficacité sur le terrain, où les violations de données, les escroqueries numériques ou les atteintes à la vie privée restent peu sanctionnées.

De ce fait, nous pouvons déduire que le contexte congolais souffre de plusieurs limites. Notre analyse de la législation et de la réglementation nous a permis d'en identifier quelques-unes que nous pouvons qualifier des plus pertinentes :

1.2.1. Gouvernance institutionnelle

L'un des exemples les plus marquants est la création tardive de la Commission Nationale pour la Protection des Données à Caractère Personnel (CNPDCP). Alors que la **Loi n°29-2019** sur la protection des données personnelles a été promulguée dès octobre 2019, ce n'est que **cinq ans plus tard**, en mars 2025, que la CNPDCP est instaurée par la **Loi n°5-2025**. Pendant cette longue période, aucune entité n'était légalement habilitée à contrôler, sanctionner ou accompagner les acteurs traitant des données personnelles, ce qui a rendu inefficace la mise en œuvre des droits prévus par la loi.

De plus, la CNPDCP, bien que créée, sa composition soulève quelques interrogations, sur les **12 membres**, 11 sont désignés par des institutions politiques ou administratives, sans que la loi ne définisse les critères de compétence ni les profils requis. En l'état, rien ne garantit l'expertise technique ou juridique des membres en matière de cybersécurité, de cryptographie, de systèmes d'information ou de droit des données. Cela compromet la capacité de la commission à exercer une régulation efficace, produire des recommandations solides ou auditer les organismes publics et privés. La technicité du domaine impose pourtant que ses membres soient des experts reconnus, et non de simples représentants institutionnels.

1.2.2. Revue et adaptation des textes

La législation en matière de cybersécurité évolue rapidement dans le monde, car les menaces, les usages et les technologies changent sans cesse. Pourtant, aucun dispositif de mise à jour périodique des lois ou règlements n'est prévu au Congo. Des textes comme le règlement COBAC R-2016/04 sont restés **inchangés pendant près de 9 ans**, malgré des mutations technologiques majeures. Cette absence de révision normative constitue une vulnérabilité structurelle pour la gouvernance du cyberespace national.

1.2.3. Harmonisation et Alignement des standards

Le Congo n'a pas encore adhéré à la Convention de Budapest sur la cybercriminalité, qui constitue pourtant le principal cadre de coopération et d'harmonisation juridique à l'échelle internationale. Ce retard d'alignement freine la coopération judiciaire, l'échange de preuves électroniques ou la coordination d'enquêtes transfrontalières. De même, aucune articulation claire n'existe entre la loi congolaise et les directives africaines ou les instruments européens comme le RGPD.

1.2.4. Insuffisance des réglementations sectorielles

Dans des secteurs sensibles comme les télécommunications, la finance, la santé ou l'énergie, aucun règlement spécifique au Congo ne traite de manière claire des exigences cyber sécuritaires. Les opérateurs sont donc livrés à eux-mêmes ou aux normes internationales, dont ils font le choix ou pas de s'y aligner, faute de textes locaux clairs.

Des textes comme le Règlement COBAC R-2024/01, le règlement CIMA n°010/24 bien que ambitieux sur la gestion des risques cyber dans le secteur bancaire, et des assurances présentent des zones d'ombre importantes. L'exemple le plus marquant C'est notamment le cas du **Règlement COBAC R-2024/01**, qui bien qu'important pour le secteur financier, celui-ci présente plusieurs faiblesses susceptibles d'en limiter l'efficacité à titre d'exemples :

- **Ambiguïtés sur les types et méthodologies d'audit :** Le règlement ne définit pas clairement les types d'audits à réaliser ni les méthodologies à appliquer, ce qui peut entraîner des divergences d'interprétation entre les acteurs concernés. Plusieurs aspects restent flous :
    - Il n'est pas précisé si les audits doivent être techniques, organisationnels ou strictement axés sur la conformité aux exigences réglementaires.
    - L'absence de méthodologies standardisées constitue un risque, en particulier dans un secteur aussi sensible que celui des institutions financières. Sans harmonisation des pratiques, les audits risquent d'être réalisés de manière inégale, ce qui peut compromettre la détection et la correction des failles de sécurité.

Une définition plus rigoureuse des types d'audits ainsi que des standards méthodologiques serait nécessaire pour garantir une évaluation efficace et homogène de la cybersécurité dans le secteur bancaire.

- **Absence d'un cadre structurant pour les organes de contrôle indépendants :** Le règlement ne précise pas le rôle exact des tiers indépendants ni leurs responsabilités dans le cadre du contrôle de la conformité des établissements financiers aux exigences de cybersécurité. Plusieurs questions restent sans réponse :

- Comment garantir l'impartialité des audits et des évaluations des systèmes d'information ?
- Quelle doit être la relation entre les contrôles internes effectués par les établissements eux-mêmes et les contrôles externes menés par des auditeurs indépendants ou des régulateurs ?

Sans un cadre réglementaire clair sur ces points, il existe un risque de conflits d'intérêts et d'une application inégale des normes de cybersécurité selon les établissements. L'introduction d'une gouvernance plus détaillée sur le rôle des organes de contrôle serait essentielle pour garantir une surveillance efficace et impartiale.

- **Manque de précision sur la fréquence des contrôles et la révision du règlement : Le** règlement ne prévoit pas non plus une fréquence minimale pour sa propre révision et mise à jour. La version précédente du règlement sur la cybersécurité financière, **COBAC-R2016/04**, a été maintenue pendant neuf ans avant d'être remplacée, ce qui est extrêmement long dans un domaine où les cybermenaces évoluent rapidement. Un mécanisme de révision plus fréquent du texte devrait être intégré afin de s'assurer que les exigences réglementaires restent adaptées aux nouvelles menaces. De plus, le texte ne fixe aucune périodicité obligatoire pour la réalisation des audits de cybersécurité. Cette absence de cadre temporel peut entraîner plusieurs conséquences négatives :
  - Certains établissements pourraient espacer excessivement leurs contrôles, réduisant ainsi la vigilance face aux menaces émergentes.
  - En cas de détection tardive d'une faille de sécurité, les répercussions pourraient être plus graves.
- **Gouvernance et coordination insuffisamment détaillées :** Un cadre plus structuré sur la gouvernance et les sanctions

permettrait d'assurer une application stricte et efficace du règlement. Le règlement manque de clarté quant à la répartition des responsabilités en matière de supervision des politiques de cybersécurité au sein des institutions financières. Plusieurs lacunes sont identifiables :

- Rôle de la COBAC (Commission Bancaire de l'Afrique centrale) : Il n'est pas clairement précisé si la COBAC a un pouvoir d'intervention direct sur les établissements non conformes, ni comment elle doit coordonner ses actions avec les autres régulateurs nationaux.
- Sanctions et mesures correctives : Les dispositions relatives aux sanctions en cas de non-respect du règlement sont floues ou insuffisamment détaillées. Si ces sanctions restent vagues, l'impact du règlement risque d'être limité, car les établissements ne percevront pas d'incitation forte à s'y conformer.

- **Absence d'anticipation des risques liés aux technologies émergentes :** Le règlement ne prend pas en compte les défis posés par les nouvelles technologies et leur impact sur la cybersécurité dans le secteur financier. Dans un contexte où les menaces cybernétiques évoluent rapidement, ne pas anticiper ces défis risque de rendre le texte obsolète dès son entrée en application. Il serait crucial d'intégrer un volet prospectif dans le règlement pour mieux encadrer les technologies émergentes. Parmi les manquements notables :
  - **Intelligence artificielle** : Aucune mention des risques liés à l'utilisation croissante de l'IA pour la gestion des transactions ou la détection des fraudes.
  - **Cloud computing** : Le texte ne précise pas les exigences de sécurité spécifiques aux infrastructures cloud, pourtant largement utilisées par les institutions financières.
  - **Blockchain et cryptomonnaies** : Aucune disposition ne prend en compte l'émergence des actifs numériques et des

plateformes décentralisées, qui représentent pourtant des défis majeurs en matière de cybersécurité et de régulation.

- **Fintechs :** Les nouveaux acteurs du secteur financier (banques en ligne, néo-banques, plateformes de paiement) ne sont pas clairement intégrés dans le périmètre du règlement, ce qui laisse une zone grise en matière d'application des règles de cybersécurité.

Bien que le Règlement COBAC R-2024/01 constitue une avancée dans la structuration de la cybersécurité financière en Afrique centrale, plusieurs lacunes limitent son efficacité. Un cadre plus détaillé serait essentiel pour garantir un niveau de protection optimal. Si ces aspects ne sont pas rapidement clarifiés et renforcés, la portée du règlement pourrait être réduite, limitant ainsi son impact sur la résilience cyber des établissements financiers de la région. Au-delà des lois et des réglementations, la cybersécurité repose sur l'action coordonnée de plusieurs institutions. Au Congo, plusieurs organismes jouent un rôle clé dans ce domaine.

1.3. Acteurs institutionnels et leur rôle

Dans un monde de plus en plus interconnecté, la cybersécurité ne se limite pas à des solutions techniques, des lois, des traités ou encore des conventions : elle repose également sur une gouvernance efficace et une collaboration entre de multiples acteurs. Ces acteurs, qu'ils soient publics ou privés, jouent un rôle essentiel dans la mise en œuvre des stratégies de cybersécurité, la régulation des activités numériques, la gestion des incidents, et la sensibilisation des citoyens et des entreprises.

En République du Congo, le renforcement de l'écosystème de cybersécurité nécessite l'implication coordonnée de ministères, d'agences gouvernementales, d'organismes de régulation, ainsi que d'acteurs privés et internationaux. Chacun contribue à façonner un environnement numérique sécurisé et à répondre aux défis posés par les cybermenaces.

Cette section explore les principaux acteurs institutionnels à différents niveaux – national, sous-régional et international – en précisant leurs rôles respectifs, leurs initiatives majeures et les partenariats qu'ils ont développés.

1.3.1. Cas du Congo

Tableau 8 : Présentation des acteurs institutionnels

	Entités	Description
Agences et Autorités Dédiées	**ANSSI**	L'Agence Nationale de Sécurité des Systèmes d'Information a été officiellement créée par la Loi n°30-2019 du 10 octobre 2019. A date celle-ci n'est toujours pas opérationnelle, à la suite du Conseil des ministres du 18/12/2024, le Congo s'est doté lors de cette session, d'un Directeur Général, Monsieur Conrad Onésime OBOULHAS TSAHAT, docteur en technologie d'application informatique. Cette nomination marque un premier pas vers son opérationnalisation.
	ARPCE	Instituée par la loi n°11-2009 du 25 novembre 2009 l'Autorité de Régulation des Postes et des Communications Électroniques est l'Autorité congolaise de contrôle, de suivi et de régulation des secteurs des Postes et Communications Électroniques.
	CIRAS	Créé par décret 79-521 du 25 septembre 1979, le Centre d'Informatique et de Recherche de l'Armée et de la Sécurité (CIRAS) est actuellement régi par le décret 2011-437 du 25 juin 2011. Le Centre d'Informatique et de Recherche de l'Armée et de la Sécurité assiste le Gouvernement dans les domaines de recherche, de développement d'applications stratégiques et de promotion des technologies de l'information et de la communication en matière de défense nationale et de sécurité.
	ACSI	L'article 3, de la Loi n°2-2015 du 4 février 2015, la créant, stipule : « l'Agence Congolaise des Systèmes d'Information a pour missions d'élaborer et de mettre en œuvre des schémas appropriés de systèmes d'information, adaptés aux besoins spécifiques de l'Etat.

1.3.2. Cas de la côte d'ivoire et du Sénégal

Face à la montée des cybermenaces et à l'évolution rapide du numérique, les pays africains développent des stratégies pour renforcer leur cybersécurité. La Côte d'Ivoire et le Sénégal figurent parmi les nations qui travaillent activement à structurer leurs cadres institutionnels, législatifs et opérationnels pour protéger leurs infrastructures numériques, sécuriser les données personnelles et lutter contre la cybercriminalité. Afin d'identifier les bonnes pratiques et les pistes d'amélioration, il est intéressant d'examiner comment la Côte d'Ivoire et le Sénégal structurent leur cybersécurité

Cette comparaison vise à mettre en lumière les forces, les faiblesses et les initiatives spécifiques de chaque pays, afin d'identifier les bonnes pratiques et les opportunités de coopération régionale ou internationale, en explorant leurs similitudes et leurs différences.

Tableau 9 : Présentation comparatives avec d'autres acteurs institutionnels

Catégorie	Congo	Côte d'Ivoire	Sénégal
Agences et Autorités Dédiées	ARPCE (Autorité de Régulation des Postes et des Communications Électroniques)	ANSUT (Agence Nationale du Service Universel des Télécommunications/TIC)	ADIE (Agence de l'Informatique de l'État)
	ANSSI (Agence Nationale de la Sécurité des Systèmes d'Information, non opérationnelle à date)	ANSSI (Agence Nationale de la Sécurité des Systèmes d'Information,)	CDP (Commission de Protection des Données Personnelles)
	Centre d'Informatique et de Recherche de l'Armée et de la Sécurité (CIRAS)	x	x

Acteurs Privés	Forum Brazza Cybersécurité (FBC)	Cyber Africa Forum (CAF)	Suricate Solutions
	x	x	Centre de Ressources sur la Cybersécurit é en Afrique (ACRC)
Initiatives Régionales	Convention de Malabo sur la cybersécurité et protection des données personnelles	Convention de Malabo sur la cybersécurité et protection des données personnelles	Convention de Malabo sur la cybersécurité et protection des données personnelles
Partenariat s	x	Collaboration avec Interpol et le GFCE	Collaboratio n avec Interpol, l'Union Africaine et le GFCE

1.1.1. Cas de la France

Après avoir examiné les principaux acteurs institutionnels au Congo, il est pertinent d'explorer la manière dont un pays plus avancé dans le domaine, comme la France, organise sa cybersécurité. La France, en tant que leader européen en matière de cybersécurité, offre un modèle intéressant d'organisation et de coordination des acteurs impliqués dans la protection de l'espace numérique national. Comprendre la cartographie des acteurs de la cybersécurité en France peut fournir des perspectives précieuses pour les pays en développement qui cherchent à renforcer leurs propres capacités dans ce domaine. Examinons donc la structure complexe et bien établie de l'écosystème français, qui implique une variété d'organismes gouvernementaux, d'agences spécialisées, d'entreprises privées et d'institutions académiques, tous travaillant de concert pour assurer la sécurité numérique du pays.

1.3.2.1. Principaux acteurs de la cybersécurité

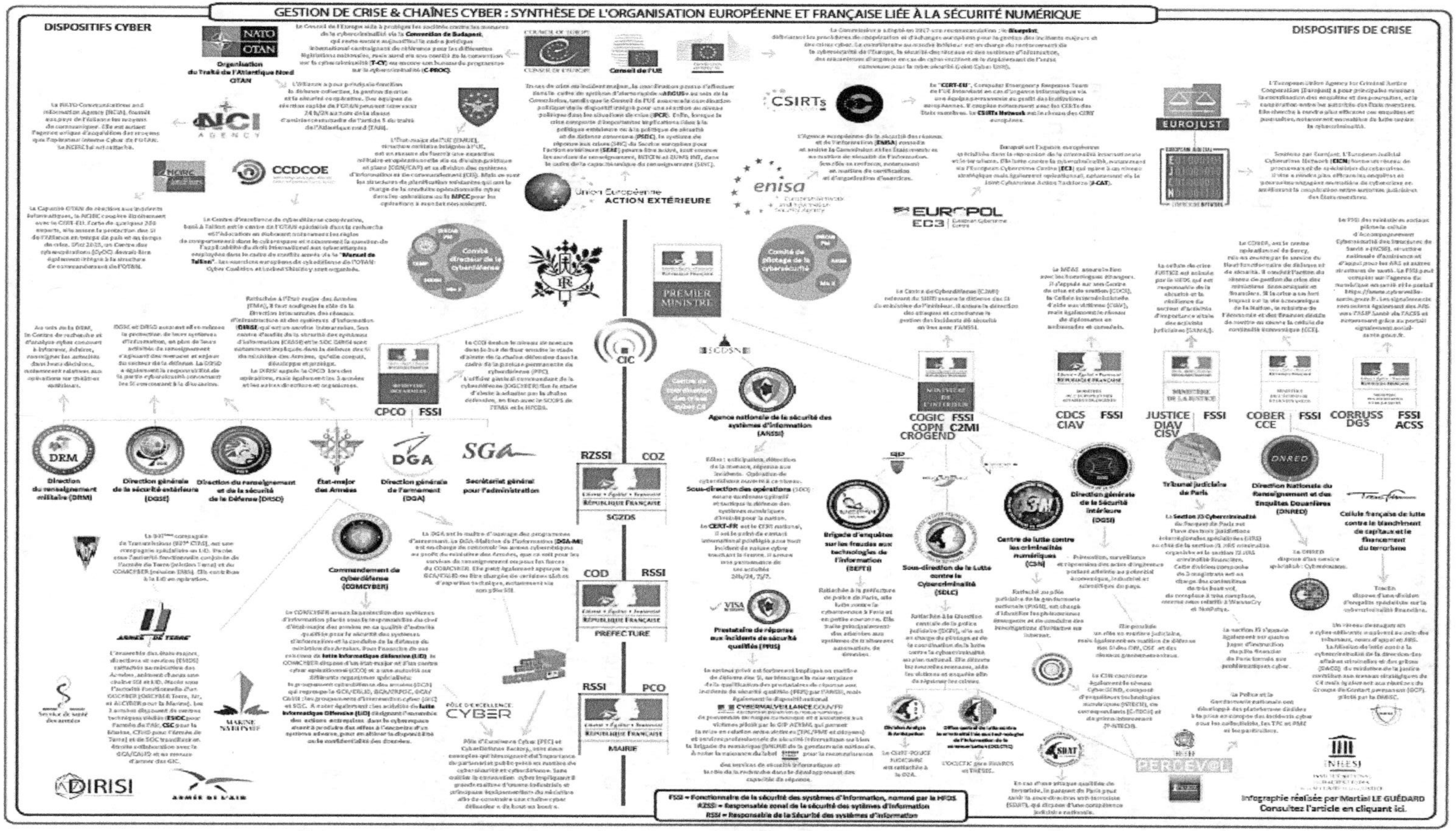

Figure 6 : Cartographie des acteurs formant la communauté étatique cyber française

La France s'est dotée de capacités de réponses face aux cybermenaces et à la cybercriminalité. Elle s'est aujourd'hui dotée d'un paysage d'acteurs performants et complémentaires afin d'assurer sa mission régalienne de sécurité des Français. Le modèle français d'organisation de réponse aux incidents numériques repose sur la séparation entre le volet offensif et le volet défensif.

La stratégie offensive est la prérogative de l'Elysée via le Conseil de Défense et de Sécurité Nationale (CDSN) qui a la charge de produire les orientations et directives dans le domaine cyber. Le Comité de Direction de la Cyberdéfense (CDC) a la charge de mettre en œuvre la stratégie en allouant aux services étatiques les moyens nécessaires. Il a également la charge de coordonner les diverses chaînes opérationnelles (cyberdéfense, contre-ingérence cyber, répression).

La stratégie défensive est la prérogative du Premier ministre via le Comité de Pilotage de la Cybersécurité (CPC) dirigé par l'Agence nationale de la sécurité des systèmes d'information (ANSSI), qui a à sa charge l'organisation de la réponse et le pilotage des opérations en cas d'attaque informatique majeure contre la Nation. Il s'agit de l'institution en charge de la réponse à incident en cas de crise majeure. Plus précisément, c'est la Sous-Direction des Opérations (SDO) de l'ANSSI qui joue un rôle opérationnel lorsque surviennent des crises d'origine cyber. Le schéma ci-dessous présente l'organisation globale de cette approche.

Voici un tableau synthétique des principaux acteurs de la cybersécurité en France et en Europe, basé sur l'analyse de cette cartographie :

Tableau 10 : Principaux acteurs de la cybersécurité en France

Acteurs	Catégorie	Nom	Description
Agence nationale	Protection	ANSSI	L'Agence Nationale de la Sécurité des Systèmes d'Information assure la sécurité des systèmes d'information essentiels, coordonne la réponse aux incidents cyber au niveau national, propose des standards de sécurité.
Force de l'ordre	Judiciaire	DGSI	La Direction Générale de la Sécurité Intérieure a pour principal rôle prévenir, surveiller et procéder à la répression des actes d'ingérence portant atteinte au potentiel économique, industriel et scientifique du pays.
Force de l'ordre	Judiciaire	C3N	Le Centre de lutte contre les criminalités numériques est rattaché au Pôle Judiciaire de la Gendarmerie nationale (PJGN). Il est chargé d'identifier les phénomènes émergents et de conduire des investigations d'initiative sur internet. Il coordonne également le réseau des enquêteurs technologies numériques (NTECH) et leurs correspondants (C-TECH).
Force de l'ordre	Judiciaire	SDLC	La Sous-direction de la Lutte contre la Cybercriminalité rattachée à la Direction centrale de la police judiciaire (DCPJ). Elle a la charge

			du pilotage et de la coordination de la lutte contre la cybercriminalité sur le plan national. Elle détecte les nouvelles menaces, aide les victimes et enquête afin de réprimer les crimes. Pharos et Info escroqueries sont des plateformes de l'office central de lutte contre la criminalité liée aux technologies de l'information de la communication (OCLCTIC).
Organisme militaire	Défense	COMCYBER	Commandement de la cyberdéfense à l'État-major des armées a pour mission de mener des opérations de cyberdéfense militaire, protéger les infrastructures critiques et répondre aux cybermenaces stratégiques.
Organisme militaire	Défense	DGA	La Direction Générale de l'Armée est le maître d'ouvrage des programmes d'armement. La DGA-Maîtrise de l'information (DGA-MI) est, quant à elle, en charge de concevoir les armes cybernétiques au profit du ministère des Armées, que ce soit pour les services de renseignement où pour les forces du COMCYBER, le Commandement de la Cyberdéfense.
Organisme militaire	Renseignement	DRM	La Direction du Renseignement Militaire

			est le Centre de recherche et d'analyse cyber il concourt à informer, éclairer, renseigner les autorités dans leurs décisions, notamment relatives aux opérations sur théâtres extérieurs.
Centre de réponse	Protection	CERT-FR	Le Centre gouvernemental de veille, d'alerte et de réponse aux attaques informatiques (CERT-FR), CERT national rattaché à l'ANSSI, est le point de contact international privilégié pour les incidents de nature cyber touchant la France.
Force de l'ordre	Judiciaire	TRACFIN	Tracfin, la Cellule française de lutte contre le blanchiment de capitaux et le financement du terrorisme, dispose d'une division d'enquête spécialisée sur la cybercriminalité financière,
Force de l'ordre	Judiciaire	DNRED	La Direction nationale du renseignement et des enquêtes douanières a la charge de lutter contre la cyberdouane.et les grands réseaux internationaux de contrebande.

Pour plus de détail, vous pouvez consulter directement cet article sur l'écosystème : https://www.arcsi.fr/liens.php

A cet écosystème déjà complexe, s'est récemment ajouté un nouvel acteur dans le contexte de la tenue en février 2025 du Sommet de Paris pour l'action sur l'intelligence artificielle, le gouvernement a annoncé la création de l'Institut national pour l'évaluation et la sécurité de l'intelligence artificielle (INESIA). L'INESIA va fédérer les travaux de plusieurs acteurs sur les aspects de sécurité nationale, la mise en œuvre de la régulation de l'IA, et l'évaluation de la performance et de la fiabilité des modèles d'IA : l'Agence nationale de la sécurité des systèmes d'information (ANSSI), l'Institut national de recherche en sciences et technologies du numérique (Inria), le Laboratoire National de Métrologie et d'Essais (LNE) et le Pôle d'expertise de la régulation numérique (PEReN).

Source : Communiqué de presse

Source: https://www.economie.gouv.fr/actualites/la-france-se-dote-dun-institut-national-pour-levaluation-et-la-securite-de-lintelligence#

On peut également citer la **« Commission nationale informatique et libertés » (CNIL)**, autorité administrative indépendante française chargée de veiller à ce que l'informatique ne porte atteinte ni au citoyen ou à sa vie privée, ni aux libertés individuelles ou publiques. La CNIL (Commission Nationale de l'Informatique et des Libertés) est l'autorité française de protection des données. Elle joue un rôle crucial dans la régulation et la supervision des questions liées à la protection des données personnelles en France et au niveau européen.

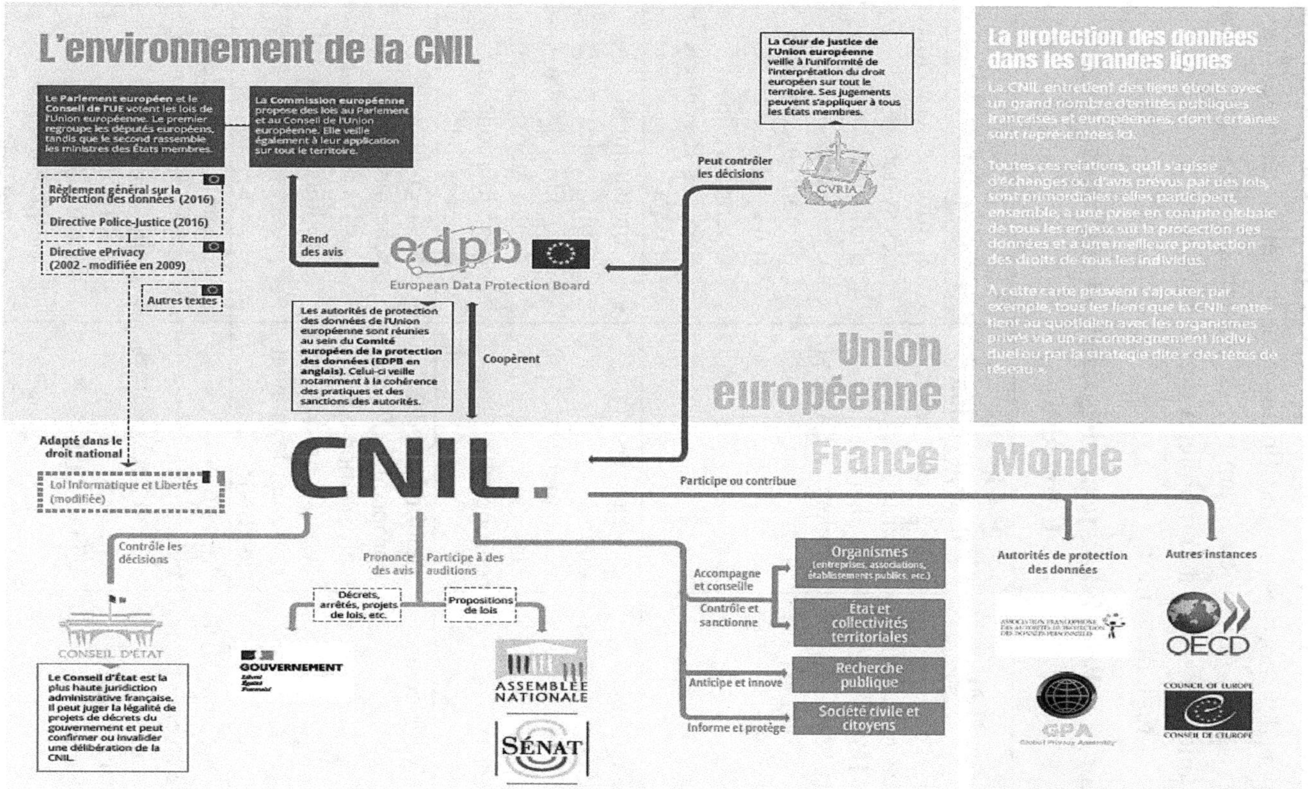

Figure 7 : Présentation de l'environnement de la CNIL

1.3.2.2. Les règlements et normes sectorielles

La cybersécurité en France et en Europe repose sur un cadre législatif renforcé par des normes et certifications sectorielles adaptées aux spécificités des domaines comme la finance, la santé, les télécommunications ou l'automobile. Voici une présentation détaillée par secteur et réglementation.

Tableau 11 : Principaux textes législatifs et réglementations Françaises

Année	Loi	Champ d'application	Exigences
2013	Loi de Programmation Militaire (LPM)	Obligations de sécurité accrues, signalement des incidents à l'ANSSI.	- Renforcer la sécurité des systèmes d'information des Opérateurs d'Importance Vitale (OIV) et des Opérateurs de Services Essentiels (OSE).
2016	Règlement Général sur la Protection des Données (RGPD)	Protéger les données personnelles des citoyens de l'Union européenne.	- Consentement explicite des individus, droit à l'oubli, notification des violations de données.
2019	Cybersecurity Act	Établir un cadre européen de certification en cybersécurité et renforcer le mandat de l'ENISA.	- Mise en place de schémas de certification pour les produits, services et processus TIC.
2022	Directive NIS 2 (Network and Information Security)	Améliorer la cybersécurité des réseaux et systèmes d'information au sein de l'UE	- Renforcement des mesures de sécurité, obligations de notification des incidents, élargissement du champ d'application à de nouveaux secteurs.

Tableau 12 : Présentation de quelques normes sectorielles française

Secteur	Normes	Champ d'application	Exigences
Santé	Certification HDS	Assurer la protection des données de santé hébergées.	- Normes strictes pour l'hébergement et la gestion des données de santé.
Industriel	Norme IEC 62443	Réseaux de communication industriels - Sécurité informatique des réseaux et des système	- Protéger les systèmes de contrôle industriel (OT) contre les cybermenaces. - Décrire différents niveaux de maturité pour les processus et les exigences techniques.
Automobile	UNECE WP.29	Encadrer la cybersécurité des véhicules homologués en Europe	- Le règlement établit des exigences de performance et d'audit en matière de cybersécurité et de gestion des mises à jour logicielles pour les nouveaux véhicules de tourisme vendus dans l'Union européenne et

			dans des dizaines d'autres pays.
Automobile	ISO/SAE 21434	Définir un processus structurel pour garantir que la cybersécurité	- Gérer les risques cyber dans les véhicules connectés
Télécommunications	Code Européen des Communications Électroniques	Harmoniser le cadre réglementaire des communications électroniques au sein de l'UE.	- Mesures de sécurité pour assurer l'intégrité et la disponibilité des réseaux.
Financier	Règlement DORA (Digital Operational Resilience Act)	Renforcer la résilience opérationnelle numérique des entités financières.	- Gestion des risques TIC, notification des incidents majeurs, tests de résilience.
Financier	Norme PCI DSS (Payment Card Industry Data Security Standard)	Assurer la protection des données de cartes de paiement.	- Contrôles stricts d'accès aux données de carte. - Surveillance et tests réguliers des réseaux.
Financier	Directive PSD2 (Payment Services Directive 2)	Réguler les services de paiement et renforcer la sécurité des transactions électroniques.	- Authentification forte des clients pour les paiements en ligne. - Ouverture des données bancaires aux prestataires tiers (Open Banking).

Tableau 13 : Présentation de quelques labels et certifications française

Nom	Description
SecNumCloud	Label français délivré par l'ANSSI pour les prestataires de services d'informatique en nuage.
CSPN	Certification de Sécurité de Premier Niveau est une certification délivrée par l'ANSSI pour des produits des technologies de l'information il permet d'attester que le produit (logiciel, système d'exploitation, matériel...) a subi avec succès une évaluation de sécurité par un centre d'évaluation (CESTI) agréé par l'ANSSI.
France Cybersecurity	Label français délivré à une gamme de produits ou services représentant trois domaines d'activités : ▪ Produits Matériels et/ou Logiciels, ▪ Services managés en cybersécurité, ▪ Conseil, Ingénierie et Services en cybersécurité. Il est la garantie pour les utilisateurs que les produits et services qui portent le label sont français et qu'ils possèdent des fonctionnalités claires et bien définies, avec un niveau de qualité attesté par un jury indépendant.
Certification HDS	Obligatoire en France pour l'hébergement de données de santé à caractère personnel.
PASSI	Prestataire d'Audit de la Sécurité des Systèmes d'Information Qualification délivrée par l'ANSSI aux entreprises réalisant des audits de sécurité.
PCI DSS	Norme de sécurité pour le traitement des données de cartes de paiement.

1.4. Enjeux et limites du cadre législatif et réglementaire

Au regard des éléments précédemment analysés, il apparaît que le Congo dispose d'un cadre réglementaire relativement structuré en matière de cybersécurité, avec l'existence de lois, de réglementations et d'institutions dédiées. Toutefois, plusieurs défis persistent, notamment l'opérationnalisation tardive de l'ANSSI, l'absence d'un cadre de contrôle efficace et le manque de coordination entre les différentes entités chargées de la cybersécurité.

L'ambition du Congo de devenir un pays émergent à l'horizon 2025 repose aussi sur l'existence d'institutions clés dans le domaine de la cybersécurité, comme l'ANSSI, l'ARPCE, le CIRAS et l'ACSI. Toutefois, plusieurs lacunes et défis doivent être relevés pour concrétiser cette vision.

1.4.1. Retard dans l'opérationnalisation de l'ANSSI

Cinq ans après sa création (2019), l'ANSSI n'est toujours pas opérationnelle, ce qui retarde la mise en place d'une gouvernance claire en matière de cybersécurité. Aucune communication sur ses moyens financiers et humains : pour fonctionner efficacement, l'ANSSI doit être dotée d'un budget suffisant et d'une équipe qualifiée.

Il existe un manque de visibilité sur ses priorités : un plan stratégique national en cybersécurité détaillant les missions prioritaires (ex. protection des infrastructures critiques, formation, partenariats, certifications) est essentiel, à date seuls les statuts définissent ses missions.

Les autorités doivent accélérer l'opérationnalisation de l'ANSSI avec une feuille de route détaillée, intégrant les partenariats internationaux, la mise en place d'un CERT national et la création d'un cadre de contrôle des infrastructures critiques.

1.4.2. Une régulation bien établie mais nécessitant une adaptation aux nouvelles menaces

L'ARPCE ne semble pas jouer un rôle spécifique en cybersécurité (ex. conformité des opérateurs télécoms aux exigences cyber, contrôle des infrastructures critiques). Le manque de transparence sur les obligations de cybersécurité imposées aux opérateurs de télécommunications et aux fournisseurs d'accès à Internet. L'absence de cadre pour certifier et auditer les opérateurs dans leur mise en conformité avec les standards internationaux (ISO 27001, RGPD, etc.).

L'ARPCE devrait travailler conjointement avec l'ANSSI sur les volets de certification des opérateurs, les contrôle strict sur la protection des données et la résilience des infrastructures pour les opérateurs cela en renforçant les textes, concrètement l'ARPCE devrait produire un règlement sur la Gestion du risque informatique et cyber pour les opérateurs télécoms.

1.4.3. Un CIRAS présent dans le domaine de la sécurité, mais à structurer davantage en matière de cyberdéfense

Le **CIRAS**, en place depuis 1979 et réformé en 2011, est un **acteur clé de la cyberdéfense** et de l'innovation technologique en matière de sécurité. Peu d'informations sur ses réalisations en cybersécurité : quelles technologies a-t-il développées pour sécuriser les infrastructures nationales ? Absence d'un centre d'opérations de cyberdéfense (SOC) dédié au sein du CIRAS, alors que plusieurs pays africains mettent en place des centres de supervision des menaces cybernétiques en lien avec leurs forces de défense.

Les autorités devraient positionner clairement le CIRAS comme le centre de cyberdéfense nationale, en le dotant d'un SOC (Security Operations Center) et en renforçant sa coopération avec l'ANSSI.

1.4.4. Absence d'une unité spécialisée en cybersécurité au sein de la Police et de la Gendarmerie

Un pays qui ambitionne de devenir un leader en cybersécurité doit impérativement disposer d'unités spécialisées en lutte contre la cybercriminalité au sein des forces de l'ordre. Or, au Congo, il n'existe actuellement aucune unité dédiée à la cybersécurité au sein de la Police nationale et de la Gendarmerie, ce qui constitue une faiblesse majeure.

Les autorités devraient créer une Unité Nationale de Lutte contre la Cybercriminalité (UNLC) au sein de la Police et de la Gendarmerie, avec des agents formés aux enquêtes numériques. Développer un centre de signalement des cyberattaques et fraudes

en ligne, permettant aux citoyens et entreprises de dénoncer les attaques et arnaques.

1.4.5. L'ACSI : une structure essentielle mais peu visible dans la transformation numérique de l'État

L'ACSI a pour mission d'élaborer et de mettre en œuvre des systèmes d'information pour l'État, ce qui en fait un acteur clé de la numérisation du gouvernement. Cependant on note une absence de mention de la cybersécurité dans son mandat : alors que les systèmes d'information de l'État sont des cibles privilégiées des cyberattaques, l'ACSI devrait intégrer un volet cybersécurité. Manque d'initiatives publiques visibles : quels projets ont été lancés en matière de cybersécurité dans l'administration publique ? Existe-t-il un plan de sécurisation des services numériques de l'État ?

L'ACSI devrait intégrer un volet cybersécurité dans ses missions, en lien avec l'ANSSI, afin d'assurer une protection optimale des systèmes d'information gouvernementaux.

1.4.6. Manque de coordination et de gouvernance globale en cybersécurité

Bien que plusieurs institutions jouent un rôle clé dans la cybersécurité, leur action semble fragmentée et mal coordonnée. Le risque majeur est que chaque entité travaille en silo, sans vision commune, ce qui affaiblit la posture cyber du pays.

Les autorités devraient créer un Comité National de Cybersécurité, piloté par l'ANSSI, pour assurer la coordination entre : L'ANSSI (politique nationale de cybersécurité, supervision des OIV et organismes essentiels), l'ARPCE (sécurité des télécommunications et protection des utilisateurs), le CIRAS (cyberdéfense nationale, supervision des menaces stratégiques), l'ACSI (sécurisation des systèmes d'information de l'État) et les institutions à venir. Cela permettrait d'avoir une stratégie cohérente et efficace, alignée sur les standards internationaux.

1.4.7. Manque de formation et de compétences en cybersécurité

L'un des défis majeurs pour un pays qui vise à devenir leader en cybersécurité est le manque de ressources humaines qualifiées. On note une absence de programme académique dans les universités axé sur la cybersécurité pour former les talents locaux.

Il est impératif de créer une École ou un Institut de formation en cybersécurité en lien avec l'ANSSI et les universités locales. De renforcer les programmes académiques des écoles et universités présentes en incluant des parcours axé cyber. De développer des formations spécialisées et des certifications adaptées aux besoins des institutions publiques et privées.

Des acteurs privés contribuent également à renforcer l'écosystème, cependant leur réel impact est difficilement mesurable et leurs initiatives ne sont pas connu de tous on retrouve principalement le **Forum Brazza Cybersecurity (FBC)** : créé par la société SKYTECH-CONGO, le FBC est un événement de référence en Afrique centrale dédié à la cybersécurité, la cyberdéfense et la lutte contre la criminalité numérique. Il favorise les échanges entre experts, entreprises et institutions sur les enjeux de la cybersécurité.

Et le **Club de la Cybersécurité au Congo** : cette organisation aide les entreprises à se protéger contre les menaces cybernétiques en offrant des formations et en promouvant les meilleures pratiques en matière de sécurité informatique.

1.4.8. Analyse SWOT du cadre législatif et réglementaire

Afin d'évaluer de manière globale les forces, faiblesses, opportunités et menaces du cadre actuel de la cybersécurité au Congo, une analyse SWOT détaillée est présentée ci-après. Celle-ci permet de mieux cerner les leviers d'amélioration et les axes stratégiques à privilégier pour faire du pays un acteur clé en matière de cybersécurité en Afrique centrale.

Tableau 14 : Présentation de l'analyse SWOT du cadre législatif et réglementaire

Facteurs	Forces	Faiblesses
Cadre législatif	- Présence de plusieurs lois structurantes (protection des données, cybercriminalité, cybersécurité). - Ratification de la Convention de Malabo. - Existence d'un cadre réglementaire financier (COBAC).	- Absence d'un cadre d'application efficace (peu de contrôles, faible mise en œuvre des sanctions). - Certains textes restent flous ou incomplets (COBAC R-2024/01, absence de réglementations spécifiques pour les fintechs et le cloud computing). - Nonadhésion à la Convention de Budapest sur la cybercriminalité. - Absence d'un cadre réglementaire télécoms
Acteurs institutionnels	- Existence d'organismes dédiés (ANSSI, ARPCE, CIRAS, ACSI). - Première nomination d'un Directeur Général pour l'ANSSI en 2024, amorçant son opérationnalisation.	- ANSSI toujours non opérationnelle, retard de 5 ans. - Manque de coordination entre les institutions (travail en silo). - Absence d'un cadre clair pour les obligations des opérateurs télécoms en cybersécurité. - Pas d'unité dédiée à la cybersécurité au sein de la Police et de la Gendarmerie.
Formation et sensibilisation	- Présence d'acteurs privés contribuant à la sensibilisation (Forum Brazza Cybersecurity, Club de la Cybersécurité).	- Manque de formations spécialisées en cybersécurité dans les universités et écoles d'ingénieurs. - Peu d'initiatives pour développer un vivier de talents locaux certifiés en cybersécurité. - Manque de formation des

		forces de l'ordre aux enquêtes cyber.
Comparaison avec d'autres pays africains	- Le Congo a un cadre réglementaire avancé par rapport à certains pays de la région.	- Retard sur des pays comme la Côte d'Ivoire et le Sénégal, qui ont des institutions déjà actives et mieux structurées (ANSSI opérationnelles, coopération avec Interpol et l'UE).
Technologies émergentes et innovations	- Croissance du secteur numérique et des fintechs, créant des opportunités pour renforcer la cybersécurité.	- Réglementation non adaptée aux nouvelles technologies (IA, blockchain, cloud computing, Open Banking). - Absence de cadre pour les prestataires de services critiques (hébergeurs, opérateurs de cloud). - Absence de cadre pour les prestataires infogérant
Facteurs	**Opportunités**	**Menaces**
Coopération régionale et internationale	- Possibilité d'adhérer à la Convention de Budapest pour bénéficier d'un soutien international contre la cybercriminalité. - Accès à des financements et programmes d'appui internationaux (Union Africaine, ITU, Banque Mondiale). - Possibilité d'établir des partenariats avec des pays leaders en cybersécurité (France, UE).	- Dépendance aux financements extérieurs pour renforcer les infrastructures de cybersécurité. - Manque de coopération active avec les CERT régionaux et internationaux.
Développement d'un	- Création d'un Comité national de Cybersécurité pour	- Risque d'obsolescence des réglementations si elles ne sont pas mises à jour

écosystème cyber	améliorer la coordination interinstitutionnelle. - Renforcement des formations universitaires et certifications pour développer des experts locaux. - Opportunité de positionner le Congo comme un hub régional en cybersécurité en Afrique centrale.	régulièrement. - Faible attractivité pour les entreprises spécialisées en cybersécurité si l'environnement réglementaire reste instable.
Évolution des menaces	- Possibilité de mettre en place un CERT national et un SOC (Security Operations Center) pour surveiller les cybermenaces.	- Augmentation des cyberattaques contre les infrastructures critiques (énergie, finance, télécoms). - Manque de réaction face aux cybercriminels en raison de l'absence d'une unité cyber dans la Police et la Gendarmerie. - Risque de fuite massive de données en cas de non-application des lois existantes.

1.5. Quelques recommandations

Afin de faire du Congo un acteur majeur en cybersécurité en Afrique centrale, plusieurs actions prioritaires doivent être entreprises pour combler les lacunes identifiées dans le cadre réglementaire, institutionnel et opérationnel.

Ces recommandations s'articulent autour de six axes stratégiques : l'opérationnalisation des institutions, la mise à jour du cadre réglementaire, la lutte contre la cybercriminalité, la formation et le développement des compétences, la coopération internationale et la coordination interinstitutionnelle.

- **Accélérer l'opérationnalisation de l'ANSSI et renforcer ses moyens** : L'Agence Nationale de Sécurité des Systèmes d'Information (ANSSI), bien que créée en 2019, n'est toujours pas pleinement fonctionnelle. Son absence freine l'application des politiques de cybersécurité et affaiblit la protection des infrastructures critiques. Il est impératif de définir et publier une feuille de route stratégique avec des objectifs clairs et des indicateurs de performance.
- **Mettre à jour et renforcer le cadre réglementaire** : Le cadre législatif en place est un bon point de départ, mais il nécessite des ajustements pour mieux encadrer les nouvelles technologies et assurer une application effective des lois existantes. Il serait judicieux d'adopter une loi spécifique sur la protection des infrastructures critiques (Télécoms, énergie, finance, santé). De définir des fréquences de revues des textes réglementaires afin de les adapter aux évolutions technologiques et aux nouvelles menaces.
- **Renforcer la lutte contre la cybercriminalité et créer une unité spécialisée** : Les autorités doivent renforcer les capacités des magistrats et des enquêteurs sur la cybercriminalité par des formations spécialisées et mettre en place un registre national des cybermenaces pour centraliser les signalements et améliorer la réponse aux incidents. Créer une Unité de Lutte contre la Cybercriminalité au sein de la Police et de la Gendarmerie.
- **Développer les compétences et former une expertise locale en cybersécurité** en Intégrant la cybersécurité dans les curriculums des universités et grandes écoles, avec des formations certifiantes.
- **Renforcer la coopération internationale et régionale** : Renforcer la coopération internationale et régionale en adhérant à la Convention de Budapest sur la cybercriminalité pour bénéficier d'un cadre international dans la lutte contre la cybercriminalité. Développer des partenariats avec les CERT et ANSSI d'autres pays pour partager des informations sur les menaces et renforcer les capacités locales.

- **Améliorer la coordination entre les institutions et créer un Comité National de Cybersécurité** : Une approche centralisée est nécessaire pour assurer une vision cohérente et une mise en œuvre efficace des politiques de cybersécurité. Il faudrait créer un Comité National de Cybersécurité, placé sous la supervision de l'ANSSI, chargé de :
    - o Coordonner l'ensemble des actions de cybersécurité au niveau national.
    - o Assurer le suivi de la mise en œuvre des lois et réglementations.
    - o Définir un Plan National de Cybersécurité avec des objectifs à court, moyen et long terme.

Clarifier le rôle de chaque institution et établir des mécanismes de collaboration interinstitutionnelle pour éviter les chevauchements et les conflits de compétence. Et instaurer une **veille réglementaire** pour assurer une adaptation continue du cadre légal aux évolutions technologiques et aux cybermenaces émergentes.

Pour faire du Congo un leader en cybersécurité, une approche structurée et proactive est nécessaire. L'opérationnalisation rapide de l'ANSSI, la mise à jour du cadre réglementaire, la création d'unités spécialisées en cybercriminalité, le développement des compétences locales, la coopération internationale et une coordination institutionnelle efficace sont des leviers essentiels pour sécuriser l'espace numérique national.

Avec une mise en œuvre progressive et cohérente de ces recommandations, le Congo pourra renforcer sa résilience face aux menaces cybernétiques et améliorer sa position dans le **Global Cybersecurity Index**, tout en garantissant la protection de ses infrastructures et de ses citoyens.

Chapitre 3

Technologies émergentes et cybersécurité

L'évolution technologique rapide a donné naissance à plusieurs innovations majeures qui redéfinissent notre manière d'interagir avec le monde numérique. Parmi ces technologies émergentes, certaines jouent un rôle central dans la transformation numérique globale tout en apportant à la fois des opportunités et des risques en matière de cybersécurité. Parmi ces évolutions technologiques, on peut notamment citer :

- **L'intelligence artificielle (IA)** :

L'intelligence artificielle (IA) est définie par l'ISO/IEC 22989 :2022 - comme "la capacité d'un système à acquérir et à appliquer des connaissances et des compétences". Elle classe également les systèmes d'IA en fonction de leurs capacités et de leurs domaines d'application.

La Commission Européenne définit l'IA comme "un logiciel développé avec une approche basée sur des techniques comme l'apprentissage automatique, la logique et la statistique, qui peut, pour un ensemble donné d'objectifs, générer des résultats influençant des environnements physiques ou virtuels". Cette législation classe également les IA selon leur niveau de risque (minimal, élevé, inacceptable).

Il existe d'autres définitions proposées par l'OCDE, le NIST et autres. Ce qu'il faut retenir c'est que l'IA est utilisée pour l'analyse de données, l'automatisation des tâches et la détection des menaces cybernétiques dans un contexte cyber, l'IA est donc à la fois un atout et un vecteur potentiel d'attaques sophistiquées (deepfakes, malwares évolutifs, etc.).

- **La blockchain** :

L'OCDE décrit la blockchain comme "une base de données numériques décentralisée, sécurisée par cryptographie et distribuée sur plusieurs nœuds, permettant l'enregistrement et la vérification des transactions de manière transparente et immuable."

Le NIST lui, définit la blockchain comme "un registre numérique immuable de transactions sécurisées cryptographiquement, maintenu par un réseau distribué de nœuds suivant un protocole de consensus".

La blockchain est donc une technologie de stockage et de transmission d'informations, transparente, sécurisée et fonctionnant sans organe central de contrôle », elle est exploitée pour l'authentification, la traçabilité et la protection contre la falsification des données.

- **L'Internet des objets (IoT)** :

L'ISO/IEC 20924 : 2018 définit l'IoT comme "Une infrastructure d'interconnexion d'objets physiques et virtuels, dotée de capacités d'identification, de capture de données, de traitement et de communication, facilitant l'interaction avec les systèmes existants et les utilisateurs."

L'UIT-T Y.2060 (2012) lui définit l'IoT comme "Une infrastructure mondiale permettant de relier des objets physiques et virtuels par des réseaux de communication, intégrant des capacités avancées de collecte et d'analyse de données."

Le NIST, l'ISO 27400 : 2022, la directive européenne pour les équipements Radio, tous ces référentiels proposent également des définitions et des mécanismes rendant obligatoire la conformité en matière de cybersécurité pour les équipements IOT. Ces normes mettent en avant les aspects d'interopérabilité, de connectivité massive et de sécurité des objets connectés. En effet l'interconnexion des objets (smartphones, capteurs, caméras, dispositifs industriels) crée un écosystème où la cybersécurité est un défi majeur, notamment en raison du manque de mises à jour de nombreux appareils.

- **Le cloud computing** :

L'ISO/IEC 17788 :2014 définit le cloud computing comme "Un modèle permettant un accès réseau omniprésent, pratique et à la demande à un pool partagé de ressources informatiques configurables (réseaux, serveurs, stockage, applications et services) pouvant être rapidement provisionnées et libérées avec un effort minimal de gestion ou d'interaction avec un fournisseur de services. L'ISO/IEC 17788 :2014 décrit également les trois modèles de services (IaaS, PaaS, SaaS) et les quatre modèles de déploiement (privé, public, hybride, communautaire).

Le NIST lui définit le cloud comme : "Un modèle permettant un accès réseau à la demande, pratique et omniprésent à un ensemble partagé de ressources informatiques configurables pouvant être rapidement provisionnées et libérées avec une gestion minimale."

Bien que le cloud permette un accès distant aux ressources informatiques (serveurs, stockage, logiciels), il soulève également des questions sur la protection des données et la souveraineté numérique. L'ISO/IEC 27017 :2015, l'ISO/IEC 27036, le CSA (Cloud Security Alliance) – Cloud Control Matrix (CCM), RGPD... tous ces référentiels fournissent des bonnes pratiques en matière de cybersécurité adaptées aux fournisseurs de services cloud.

- **La 5G** :

UIT-R M.2083-0 (2015) Définit la 5G comme un réseau mobile ultra-performant offrant des débits très élevés, une latence réduite et une connectivité massive.

Cette technologie de communication mobile de nouvelle génération offre des débits élevés et une latence réduite, mais elle introduit également de nouveaux risques de cybersécurité, notamment en raison du nombre croissant d'appareils connectés. C'est pourquoi des normes de cybersécurité et protection des données dédiées à la 5G ont vu le jour comme :

- NIST Special Publication 800-187 : Sécurité des communications 5G aux États-Unis.
- ISO/IEC 27001 et 27017 : Normes de sécurité pour les infrastructures cloud utilisées dans la 5G.
- 5G Cybersecurity Framework (ENISA, Europe) : Guide sur les menaces et solutions de cybersécurité dans les réseaux 5G.
- Directive Européenne NIS 2 (2023) : Imposant des mesures de cybersécurité aux opérateurs 5G.

- Législation américaine "Secure 5G and Beyond Act" (2020) : Protection des infrastructures critiques 5G contre l'espionnage.
- Normes chinoises et japonaises (IMT-2020, 5G NSA/SA) : Approches spécifiques pour le déploiement de la 5G dans ces pays.

1.1. Importance de la cybersécurité dans un contexte de transformation numérique rapide

L'essor des technologies émergentes telles que l'intelligence artificielle (IA), la blockchain, l'Internet des objets (IoT), le cloud computing et la 5G révolutionne l'ensemble des secteurs d'activités. Ces évolutions technologiques offrent des avantages considérables en matière de productivité, de connectivité et d'innovation.

Les entreprises, les gouvernements et les particuliers adoptent ces technologies pour améliorer l'efficacité des processus, optimiser l'analyse des données et offrir de nouveaux services numériques, en gros révolutionner leurs écosystèmes. Toutefois, cette numérisation massive expose également les infrastructures et les données sensibles à des risques croissants en matière de cybersécurité.

L'augmentation de la surface d'attaque liée à la digitalisation engendre une exposition accrue aux cybermenaces. Ces menaces concernent aussi bien les infrastructures critiques, les entreprises, les institutions publiques ainsi que les utilisateurs individuels.

De ce fait la transformation numérique, les évolutions technologiques s'accompagnent également d'une augmentation significative des cyberattaques, qui peut se traduire par :

- Rançongiciels (ransomware) : il s'agit d'attaques perpétrées par des groupes de cybercriminels avec pour objectif de paralyser des systèmes informatiques en chiffrant les données et en demandant des rançons.
- Phishing et ingénierie sociale : ce sont des techniques de manipulation visant à voler des informations sensibles (mots de

passe, accès aux systèmes, etc.), en se servant de la méconnaissance des utilisateurs.

- Vol de données et atteintes à la vie privée : il s'agit-là de fuites massives de données personnelles, souvent revendues sur le dark web, obtenues par le biais d'attaques de phishing, d'escalade de privilège et autres.
- Attaques sur les infrastructures critiques : le ciblage des organismes d'importance vitale (OIV) comme les secteurs de l'énergie, de la santé, des télécommunications et des transports.

1.2. Cybersécurité et nouvelles technologies

L'intégration rapide des nouvelles technologies expose les organisations qu'elles soient publiques ou privées à des failles de sécurité spécifiques. C'est pourquoi, nous avons tenté de présenter le lien entre ces évolutions technologiques et la cybersécurité.

Tableau 15 : Relation entre la cybersécurité et les nouvelles technologies

Relations	Description	Exemples
IA & cybersécurité	L'IA permet d'analyser et détecter les menaces en temps réel, mais elle peut aussi être exploitée par des cybercriminels pour automatiser des attaques sophistiquées (deepfakes, malwares évolutifs).	l'IA utilisée pour contourner l'authentification biométrique (deepfake vocal ou vidéo).
Blockchain & cybersécurité	Bien que la blockchain offre un haut niveau de sécurité grâce à son immutabilité et son protocole de consensus, elle reste vulnérable aux attaques, aux failles dans les contrats intelligents (smart contracts) et au vol de crypto-monnaies.	le piratage du réseau Ethereum en 2016 (The DAO Hack) ayant entraîné la perte de 50 millions de dollars.

Internet des Objets (IoT) & cybersécurité	La prolifération des objets connectés entraîne un risque accru d'attaques par botnets (réseaux d'appareils infectés) et d'intrusions via des équipements mal sécurisés (caméras IP, assistants vocaux, capteurs industriels).	Mirai Botnet (2016), qui a infecté des millions d'objets connectés et paralysé Internet aux États-Unis.
Cloud computing & cybersécurité	L'externalisation des données vers le cloud accroît les risques liés aux fuites de données, aux erreurs de configuration et à la perte de souveraineté numérique.	fuite de données chez Capital One (2019), où les informations de 100 millions de clients ont été exposées.
5G & cybersécurité	La 5G augmente la vitesse et la connectivité, mais ouvre la porte à de nouvelles menaces : écoutes illicites, cyber espionnage, piratage des infrastructures critiques et attaques sur les réseaux de télécommunications.	préoccupations géopolitiques autour de l'espionnage par des équipements 5G non sécurisés.

Ces exemples basés sur des faits réels, montrent clairement que les cyberattaques entraînent des conséquences majeures, selon le cabinet McAfee, les cyberattaques coûtent environ **1 000 milliards de dollars par an** à l'économie mondiale et que le cout moyen d'une violation de données est estimé à **4,45 millions de dollars** en 2023 (IBM Security).

De ce fait, la cybersécurité devrait donc être complémentaire aux évolutions technologiques, on ne peut donc plus parler d'avancée technologique sans cybersécurité.

A titre d'exemple, depuis février 2025 la France a créé un institut public pour sécuriser l'IA, il a été baptisé Institut national pour l'évaluation et la sécurité de l'intelligence artificielle (INESIA). Les enjeux de l'IA ne se limitent plus à l'innovation ou à la performance. Ils touchent désormais à la souveraineté numérique, à la cybersécurité et à la transparence des modèles. Le communiqué de presse ci-dessous en est le parfait exemple.

RÉPUBLIQUE
FRANÇAISE
*Liberté
Égalité
Fraternité*

COMMUNIQUÉ DE PRESSE

Paris, le 12/02/2025

Sommet pour l'action sur l'intelligence artificielle : l'ANSSI invite à objectiver les risques et à se saisir des opportunités des technologies d'IA pour la cybersécurité

Dans le cadre du Sommet pour l'action sur l'intelligence artificielle (IA), qui s'est déroulé à Paris du 6 au 11 février 2025, l'Agence nationale de la sécurité des systèmes d'information (ANSSI) a présenté les conclusions des travaux menés ces derniers mois sur la cybersécurité avec ses partenaires nationaux et internationaux, au sein de l'axe « IA de confiance ». L'occasion pour l'Agence de promouvoir une approche fondée sur l'analyse des risques et des opportunités des technologies d'intelligence artificielle pour développer la confiance dans ces systèmes.

Des systèmes d'information qui posent de nouveaux défis à la cybersécurité

Dans les travaux qu'elle a menés, l'ANSSI souligne en premier lieu que les systèmes intégrant une IA (SIA) **demeurent fondamentalement des systèmes logiciels**, soumis en tout état de cause aux mêmes vulnérabilités que des systèmes plus classiques, comme le détournement de comptes utilisateurs ou administrateurs ou l'exploitation de vulnérabilités dans les composants logiciels intégrés dans le système. Les scénarios de cyberattaque classiques restent ainsi aujourd'hui les plus crédibles contre de tels SIA. **Le respect des bonnes pratiques de cybersécurité applicables à tout système d'information, est ainsi un enjeu primordial pour la mise en œuvre d'une IA de confiance.**

Au-delà des vulnérabilités usuelles, les SIA peuvent également être mis en défaut par de nouveaux vecteurs d'attaque, propres à l'IA, de trois natures :

- **L'empoisonnement** qui consiste en une altération des données d'entraînement ou du modèle affectant la réponse du SIA à toutes les entrées ou à une entrée spécifique, en injectant notamment des fausses informations dans les paramètres du modèle pour l'induire volontairement en erreur. Exemple : dans un entrepôt sécurisé, un attaquant pourrait « empoisonner » le SIA utilisé par la vidéo surveillance, en modifiant sa capacité de détection. Le système associerait alors un individu avec une tenue d'une certaine couleur comme « non suspect » et de facto n'activerait pas le système d'alarme. Il convient cependant de noter qu'un tel scénario d'attaque serait particulièrement complexe à mettre en œuvre, et nécessiterait de la part de l'attaquant un travail d'anticipation très conséquent.
- **L'extraction** qui induit la reconstruction ou la récupération de données confidentielles du SIA ou du modèle après la phase d'apprentissage, et par laquelle l'attaquant peut avoir accès aux

données d'entrainement ou aux paramètres et configurations du modèle. Exemple : à des fins d'espionnage économique, un attaquant pourrait extraire du SIA d'une société du secteur pharmaceutique des données hautement sensibles (formules d'un vaccin ou brevet d'un médicament, etc.).

- **L'évasion** qui consiste en une altération des données d'entrée afin de modifier le fonctionnement attendu du SIA, et par laquelle l'attaquant pourrait détourner l'analyse faite par le SIA afin de l'induire en erreur et changer volontairement sa compréhension. Exemple : sur la fraude bancaire, un acteur malveillant pourrait modifier les paramètres d'un virement pour que ce dernier ne soit pas catégorisé comme frauduleux par le SIA, dont l'intégrité n'a pourtant pas été altérée.

Ces attaques pourraient engendrer des atteintes à la disponibilité ou à l'intégrité, ce qui compromettrait la fiabilité des décisions, voire des risques de vol ou de divulgation de données sensibles avec les risques de confidentialité inhérents. Bien que **moins crédibles, dans un avenir proche, que des attaques plus classiques**, ces nouveaux vecteurs d'attaque ont la particularité de ne pouvoir être correctement prise en compte que dans une approche de cybersécurité étendue à l'ensemble de cycle de vie et de la chaîne de valeur de ces systèmes.

Enfin, il est important de noter la difficulté particulière d'identifier la cause racine d'une erreur ou d'un comportement inattendu dans une IA. Il en découle une **difficulté particulière pour l'investigation et la remédiation suite à une suspicion d'attaque affectant une IA**. Cet état de fait doit être intégré dans l'architecture même des systèmes d'information intégrant un composant à base d'IA, pour assurer une **résilience suffisante face à la possibilité d'une indisponibilité prolongée, ou d'une remise en cause de la confiance dans ce composant d'IA** qui ne pourrait pas être levée immédiatement par une analyse de cybersécurité.

La réponse à l'ensemble de ces enjeux nécessite un dialogue renforcé entre les communautés de l'IA et de la cybersécurité, une poursuite des efforts d'objectivation des risques et des opportunités de l'IA, en se fondant sur les faits et sur une approche scientifique, ainsi qu'un approfondissement des travaux de recherche, notamment dans le domaine de l'évaluation de l'IA et de l'interprétabilité de ses résultats.

Une vingtaine de pays et des centaines d'experts en IA et cyber réunis pour le développement d'une IA de confiance

Pour guider notamment les dirigeants et les producteurs de solutions d'IA, plusieurs livrables ont été dévoilés à l'occasion du Sommet :

- Le document de référence « *Building trust in AI through a cyber risk approach* » : co-signé par 19 partenaires internationaux et 5 partenaires institutionnels (AMIAD – Agence ministérielle pour l'intelligence artificielle de Défense, CNIL – Commission nationale de l'informatique et des libertés, INRIA – Institut national de recherche en sciences et technologies du numérique, LNE – Laboratoire national de métrologie et d'essais, et PEReN – Pôle d'Expertise de la Régulation Numérique) et présenté le 7 février lors des journées scientifiques organisées par l'Institut Polytechnique de Paris, il met en évidence les risques cyber auxquels sont exposés les systèmes d'IA et propose des recommandations stratégiques afin de favoriser une meilleure prise en compte de la cybersécurité dans le développement et l'intégration de ces systèmes. Cette analyse de risque a été élaborée suite aux consultations de plusieurs entités publiques et privées matures sur le sujet de l'IA.

RÉPUBLIQUE FRANÇAISE
Liberté Égalité Fraternité

- L'exercice de crise cyber : organisé par l'ANSSI en collaboration avec le Campus Cyber et plusieurs de ses membres, le 11 février 2025, cet exercice a mobilisé près de 250 participants experts cyber et experts IA dans l'objectif de développer une meilleure compréhension mutuelle de leurs attentes. Alors que le scénario proposé comprenait une cyberattaque affectant un SIA et sa chaine d'approvisionnement (*supply chain*), les participants ont pu échanger des bonnes pratiques tout en étant sensibilisés aux risques cyber. Un retour d'expérience sera prochainement organisé et partagé publiquement.
- La rencontre des directeurs d'agences cyber partenaires : en parallèle du Sommet, l'ANSSI et ses partenaires internationaux ont pu contribuer activement aux débats en cours sur la sécurisation de l'IA. Un point d'étape a été réalisé sur les initiatives en cours et les priorités partagées. L'Agence et ses partenaires ont à nouveau fait part de leur engagement afin de parvenir à une IA de confiance à l'échelle internationale.

« Le temps fort qu'a constitué le Sommet pour l'action sur l'IA a démontré la nécessité de mieux faire travailler ensemble les experts de l'IA et ceux de la cybersécurité. Ce dialogue doit permettre de mieux objectiver les risques et opportunités de ces systèmes, loin des marchands de peur et des marchands de rêve. Ce n'est qu'ainsi que nous pourrons collectivement déployer des IA de confiance, en intégrant ces enjeux cyber dès la conception des solutions. » commente Vincent Strubel.

À PROPOS DE L'ANSSI
L'Agence nationale de la sécurité des systèmes d'information (ANSSI) a été créée par le décret n°2009-834 du 7 juillet 2009 sous la forme d'un service à compétence nationale.
L'agence est l'autorité nationale en matière de cybersécurité et de cyberdéfense. Elle est rattachée au Secrétaire général de la défense et de la sécurité nationale (SGDSN), sous l'autorité du Premier ministre.

AGENCE NATIONALE DE LA SÉCURITÉ DES SYSTÈMES D'INFORMATION
ANSSI - 51, boulevard de la Tour-Maubourg - 75700 PARIS 07 SP

cyber.gouv.fr

Contacts Presse

presse@ssi.gouv.fr
06 49 21 63 80 / 06 49 87 30 36

Roxane ROSELL
roxane.rosell@ssi.gouv.fr

Source : Communiqué de presse

Un autre exemple illustrant parfaitement le lien entre les évolutions technologiques et la cybersécurité se trouve être l'affaire **DeepSeek** : en effet en 2024 une entreprise israélienne de cybersécurité, Wiz, a récemment exploité une faille de l'entreprise chinoise Baichuan, cette faille permettait d'accéder : au code source du modèle, aux paramètres sensibles, et surtout aux logs des conversations des utilisateurs avec le chatbot. Cet incident met en lumière des vulnérabilités majeures dans la gestion et la protection des données sensibles. La vulnérabilité provenait d'une mauvaise configuration d'une instance cloud, exposée publiquement sans authentification renforcée. Cela a permis à Wiz d'explorer l'environnement cloud de Baichuan, et de prouver l'existence d'un risque massif de fuite de données.

Cette affaire illustre des points clés pour toute entreprise exploitant un modèle d'IA :

- La sécurisation des environnements cloud est indispensable (IAM, audit des ports exposés, segmentation).
- La confidentialité des données utilisateur doit être assurée, mais cela n'est pas toujours garantie.
- Les LLM (Large Language Models), ne sont pas uniquement une question d'algorithme, mais aussi d'infrastructure et de cybersécurité.

En conclusion l'adoption rapide des technologies émergentes a entraîné une expansion exponentielle des surfaces d'attaque pour les cybercriminels. Aujourd'hui, les cyberattaques ne se limitent plus aux systèmes informatiques traditionnels, mais s'étendent aux objets connectés, aux infrastructures critiques et aux services cloud.

La cybersécurité est donc essentielle pour :

- **Protéger les données sensibles** : La numérisation accrue des services publics, bancaires et de santé expose davantage d'informations confidentielles aux risques de fuites et d'exploitation malveillante.
- **Garantir la continuité des activités** : Les entreprises et les institutions doivent renforcer leur résilience face aux cyberattaques qui peuvent causer des interruptions de service critiques.
- **Renforcer la confiance numérique** : Sans une cybersécurité robuste, l'adoption des nouvelles technologies pourrait être freinée par la crainte des utilisateurs et des entreprises face aux menaces potentielles.

1.3. Position du Congo face à ces technologies et leur adoption progressive

L'adoption des technologies émergentes telles que l'intelligence artificielle (IA), la blockchain, l'Internet des objets (IoT), le cloud computing et la 5G est cruciale pour le développement économique et social d'un pays comme la République du Congo. Cependant, leur intégration nécessite une analyse approfondie de l'état actuel, des prérequis indispensables, des opportunités et défis spécifiques à chaque technologie et non un copier-coller comme il est souvent de coutume dans nos environnements africains. Le Congo, bien qu'encore en phase de développement numérique, devrait commencer à réfléchir à l'intégration des technologies émergentes, bien qu'il y ait des initiatives publiques et privées visant à moderniser les infrastructures et à favoriser la transformation numérique, il est important de se questionner sur leurs modèles de déploiement.

1.3.1. Intelligence Artificielle (IA) au Congo

Le Congo possède un écosystème d'innovation naissant, avec des initiatives numériques menées par de jeunes entrepreneurs dévoués. Cependant, l'environnement des affaires reste peu propice, limitant le développement et l'adoption de l'IA à grande échelle. Appuyé notamment par la Commission économique des Nations unies pour l'Afrique (CEA), le Congo-Brazzaville s'est doté en 2021 du Centre africain de recherche en intelligence artificielle (Caria), ce centre est présenté comme une aubaine pour la transformation du continent.

Le Centre africain de recherche en intelligence artificielle (Caria), établi en 2021 à Brazzaville avec le soutien de la Commission économique des Nations unies pour l'Afrique (CEA), vise à promouvoir la recherche et le développement en intelligence artificielle (IA) sur le continent africain. Installé au sein de l'Université Denis Sassou-N'Guesso de Kintélé, le Caria se consacre à la formation, la recherche et la collaboration dans le domaine de l'IA.

Depuis fin 2022, le centre a initié diverses formations, notamment en cybersécurité pour les agents de l'État et des programmes qualifiants pour les jeunes chômeurs. Pour l'année académique 2023-2024, le Caria a enregistré 674 étudiants inscrits en intelligence artificielle, témoignant d'un intérêt croissant pour ce domaine au Congo.

Source : https://postetelecom.gouv.cg/congo-plus-de-600-inscrits-au-centre-africain-de-recherche-en-intelligence-artificielle-caria-pour-lannee-academique-2023-2024/

Malgré ces avancées, il est important de souligner plusieurs limites :

- **Absence d'un cadre réglementaire** : l'absence d'un cadre législatif et réglementaire spécifique encadrant son développement et son usage. Alors que des juridictions comme l'Union européenne ont récemment adopté des textes structurants tels que le Règlement européen sur l'intelligence artificielle, visant à classer les systèmes d'IA selon leur niveau de risque et à en encadrer strictement l'utilisation dans des domaines sensibles (surveillance biométrique, systèmes judiciaires, etc.), le Congo n'a, à ce jour, ni stratégie nationale formalisée, ni législation dédiée à l'IA.
- **Absence de rapports détaillés** : À ce jour, peu d'informations sont disponibles sur les réalisations concrètes du Caria, notamment en matière de publications scientifiques, de projets technologiques ou d'impacts économiques. Une documentation plus complète et des évaluations régulières permettraient de mieux mesurer son efficacité et d'orienter ses futures initiatives.
- **Manque de données locales** : L'intelligence artificielle repose sur la qualité et la quantité des données disponibles pour entraîner les modèles. Or, le faible taux de numérisation des données au Congo constitue un obstacle majeur. Une IA développée sans données locales risque de produire des résultats biaisés ou erronés, car elle ne reflétera pas les réalités spécifiques du pays. Sans une politique claire d'acquisition, de structuration et de gestion des données, il sera difficile de concevoir des IA réellement adaptées aux besoins locaux.
- **Environnement des affaires peu propice** : Le développement de l'IA nécessite un écosystème d'innovation dynamique, avec des financements, des infrastructures et des collaborations entre

le secteur public et privé. Or, au Congo, cet écosystème reste encore fragile, limitant l'adoption et l'intégration de l'IA dans les entreprises et l'administration publique.

En conclusion, bien que le Caria représente une opportunité pour la transformation numérique en Afrique et au Congo particulièrement, il doit surmonter plusieurs défis, notamment l'accès aux données et la création d'un cadre favorable à l'innovation. Des politiques publiques adaptées et une meilleure structuration du marché des données seront essentielles pour assurer le succès de l'IA locale.

1.3.2. L'Internet des objets (IoT) au Congo

En avril 2022, le Cameroun, la République démocratique du Congo (RDC) et la République du Congo ont annoncé leur intention d'adopter des solutions basées sur la crypto-monnaie et la blockchain pour stimuler leur développement économique, en choisissant The Open Network (TON) comme infrastructure privilégiée. La RDC a même envisagé la création d'une monnaie stable nationale reposant sur la blockchain TON.

Cependant, à ce jour, il n'existe pas de rapports publics détaillant les réalisations concrètes ou les avancées spécifiques de ce projet. Sans informations précises, il est difficile d'évaluer l'impact réel de cette initiative sur les économies et les systèmes financiers de ces pays.

En décembre 2024, **Erpminer**, une entreprise spécialisée dans les technologies blockchain, a conclu un partenariat avec le gouvernement du Congo-Brazzaville pour dynamiser l'économie numérique du pays. Cet accord ambitieux prévoit la création de plus de 2 millions d'emplois au cours des neuf prochaines années, grâce à l'introduction de technologies avancées de minage blockchain et de services innovants. L'objectif est de stimuler les opportunités d'emploi et d'investissement pour la population locale, tout en positionnant le Congo-Brazzaville comme un acteur clé dans le secteur de la blockchain en Afrique.

Source : https://www.einpresswire.com/article/772745622/erpminer-et-le-gouvernement-du-congo-brazzaville-s-associent-pour-dynamiser-l-conomie-blockchain

Cependant, pour que ce projet atteigne son plein potentiel, il est essentiel de mettre en place un cadre réglementaire approprié. La réglementation est cruciale pour assurer la sécurité des transactions, protéger les utilisateurs et instaurer la confiance des investisseurs. Sans une législation claire et adaptée, l'adoption de la blockchain pourrait rencontrer des obstacles juridiques et opérationnels, limitant ainsi son impact positif sur l'économie nationale. En conclusion, bien que le partenariat entre Erpminer et le gouvernement du Congo-Brazzaville soit prometteur pour l'avenir économique du pays, la mise en place d'un cadre réglementaire solide est indispensable pour garantir le succès et la durabilité de cette initiative.

De plus, l'adoption de technologies blockchain et de crypto-monnaies nécessite des infrastructures appropriées et une réglementation claire pour assurer la sécurité des transactions et la protection des utilisateurs. Or, les réglementations actuelles dans ces pays restent floues ou inexistantes concernant l'utilisation des crypto-monnaies. Par exemple, le Congo n'a pas encore mis en place de législation spécifique encadrant les crypto-monnaies, ce qui crée une incertitude juridique pour les utilisateurs et les investisseurs.

En conclusion, sans un cadre réglementaire clair et des informations détaillées sur les progrès réalisés, il est prématuré d'évaluer l'impact potentiel de l'adoption de la blockchain par la République du Congo. Un suivi rigoureux et la mise en place de politiques adaptées seront essentiels pour mesurer et maximiser les bénéfices potentiels de ces initiatives.

1.3.3. Le cloud computing au Congo

On ne peut pas parler de cloud computing sans une infrastructure numérique moderne c'est pourquoi dans le chapitre un de ce livre nous avons présenté l'état des lieux de l'infrastructure numérique au Congo.

Bien que des projets de centres de données soient en cours, la couverture en fibre optique et l'accès à une alimentation électrique stable restent insuffisants dans de nombreuses régions, limitant ainsi l'adoption généralisée des services cloud.

L'absence de politiques claires et de réglementations spécifiques concernant les services cloud et la protection des données crée une incertitude pour les fournisseurs et les utilisateurs potentiels. Il existe également un besoin crucial de former davantage de professionnels qualifiés pour gérer et maintenir les infrastructures cloud, ainsi que pour développer des solutions adaptées aux besoins locaux.

Pour surmonter ces obstacles, il est essentiel de :

- **Investir dans les infrastructures** : Améliorer la connectivité Internet et assurer une alimentation électrique fiable sont des bases indispensables pour le déploiement efficace des services cloud.
- **Élaborer un cadre réglementaire** : Mettre en place des lois et des directives claires pour encadrer l'utilisation des services cloud, assurer la protection des données et instaurer la confiance des entreprises et des consommateurs.
- **Renforcer les capacités humaines** : Promouvoir des programmes de formation et des partenariats éducatifs pour développer une main-d'œuvre compétente capable de soutenir et de faire évoluer l'écosystème cloud local.

En conclusion, bien que des initiatives prometteuses soient en cours pour développer le cloud en République du Congo, une approche holistique englobant l'infrastructure, la réglementation et le développement des compétences est nécessaire pour réaliser pleinement le potentiel de ces technologies dans le pays.

1.3.4. La 5G au Congo

Le jeudi 21 novembre 2024, un événement fortement médiatisé s'est tenu à Brazzaville : le lancement officiel de la 5G par l'opérateur MTN Congo, selon une communication relayée par plusieurs médias locaux et confirmée par le site de la présidence de la République du Congo. Cette annonce a été présentée comme une avancée majeure pour le pays en matière d'innovation technologique et de connectivité.

Cependant, une analyse plus précise révèle un décalage entre les faits techniques et la communication institutionnelle. En effet, MTN Congo avait obtenu une licence 5G en novembre 2023 – soit un an avant l'annonce publique – lui donnant le droit d'établir et d'exploiter un réseau 5G. Ces deux notions sont fondamentales et méritent d'être clarifiées :

- **Établir un réseau 5G** signifie techniquement concevoir, déployer et mettre en place les infrastructures nécessaires à l'opérationnalisation du réseau (antennes, cœurs de réseau, fibres, équipements compatibles, etc.). C'est une phase d'investissements lourds, souvent en partenariat avec des équipementiers technologiques.
- **Exploiter un réseau 5G**, en revanche, consiste à rendre le réseau opérationnel commercialement, c'est-à-dire proposer aux usagers des services utilisant cette technologie : voix, data, SMS en très haut débit, services industriels, IoT, etc

Ainsi, le lancement de novembre 2024 ne fait pas référence à l'obtention de la licence, mais bien à une entrée en phase commerciale. Cela implique théoriquement que les infrastructures sont prêtes et fonctionnelles. Pourtant, **aucune donnée technique publique ne confirme un déploiement d'envergure** à cette date, ce qui soulève la question suivante :

Peut-on véritablement parler de lancement de la 5G si l'infrastructure nécessaire à son fonctionnement n'a pas été préalablement établie ?

De son côté, l'opérateur Airtel Congo a obtenu une **licence expérimentale 5G en novembre 2024**, autorisant des tests limités sans lancement commercial à grande échelle. Il s'agit ici de phases pilotes, destinées à valider la technologie dans des contextes spécifiques (urbain, industriel, services publics), avant une généralisation éventuelle.

Ce contexte met en lumière une problématique cruciale. Pour que la 5G soit véritablement opérationnelle et bénéfique, plusieurs prérequis fondamentaux doivent être réunis. Or, au Congo, la plupart de ces conditions restent aujourd'hui incomplètes ou absentes :

Tableau 16 : Présentation des principales conditions d'un réseau 5G

Conditions	Présentation
Un réseau de fibre optique dense et performant	La 5G repose sur une infrastructure robuste de fibre optique pour interconnecter les antennes et assurer un débit stable et élevé. Actuellement, le réseau de fibre optique au Congo reste insuffisant et mal réparti : - Manque de couverture nationale : La fibre est principalement concentrée à Brazzaville et Pointe-Noire, laissant une grande partie du territoire sans support adéquat. - Insuffisance des capacités du réseau existant : Même dans les zones couvertes, la bande passante disponible risque d'être rapidement saturée, limitant les performances de la 5G. - Fiabilité du réseau : Les interruptions fréquentes des services Internet en 4G laissent présager une instabilité encore plus marquée pour la 5G.
Un réseau de stations de base 5G (antennes) en nombre insuffisant	Contrairement à la 4G, la 5G utilise des fréquences plus élevées, offrant plus de débit mais avec une portée plus courte. Il faut donc installer beaucoup plus d'antennes pour garantir une bonne couverture. Actuellement le nombre d'antennes 5G déployées au Congo est inconnu et probablement très faible. Sans un déploiement massif, la couverture 5G restera anecdotique et sera limitée à quelques quartiers de Brazzaville et Pointe-Noire.

Une allocation efficace des fréquences et une régulation adaptée	La 5G nécessite des bandes de fréquences spécifiques, généralement dans la bande 3,5 GHz et au-delà. À ce jour, aucune information claire n'a été fournie sur l'allocation et la gestion de ces fréquences au Congo. Un manque de régulation peut entraîner des interférences, rendant la 5G instable et peu performante.
Des appareils compatibles 5G accessibles	Le coût des smartphones 5G est encore très élevé pour une grande majorité de la population congolaise. Le marché local propose peu d'appareils compatibles, ce qui limite l'adoption massive de la 5G.
Une amélioration des infrastructures électriques	La 5G nécessite une alimentation électrique fiable et continue, ce qui est un défi majeur au Congo en raison des coupures fréquentes. Sans une modernisation du réseau électrique, les infrastructures 5G risquent de subir des interruptions régulières, rendant le service inutilisable.
Une amélioration des infrastructures électriques	La 5G nécessite une alimentation électrique fiable et continue, ce qui est un défi majeur au Congo en raison des coupures fréquentes. Sans une modernisation du réseau électrique, les infrastructures 5G risquent de subir des interruptions régulières, rendant le service inutilisable.
Une offre commerciale adaptée aux réalités locales	L'accès à Internet mobile reste cher pour de nombreux Congolais, et les forfaits 5G risquent d'être encore plus coûteux. Sans une tarification adaptée, la 5G pourrait rester un produit de luxe, réservé à une minorité.

Au regard de ces éléments, pour le moment, le lancement de la 5G ressemble davantage à un “coup de buzz” qu’à une véritable avancée technologique. Tant que ces prérequis ne seront pas réunis, la 5G en République du Congo restera un projet plus symbolique que réellement fonctionnel.

1.4. Analyse SWOT des technologies émergentes au Congo

Afin d’évaluer de manière stratégique l’état actuel de ces technologies au Congo, il est essentiel d’en évaluer les forces, les faiblesses, ainsi que les opportunités et les menaces qu’elles présentent. L’analyse SWOT suivante permet d’avoir une vision stratégique de leur impact potentiel sur le développement numérique et la cybersécurité du pays."

Tableau 17 : Présentation de l’analyse SWOT sur les technologies émergentes

Technologie	Forces	Faiblesses	Opportunités	Menaces
Intelligence Artificielle (IA)	- Potentiel d'automatisation dans divers secteurs - Adoption croissante des solutions IA en Afrique - Réduction des coûts et amélioration de l’efficacité	- Manque de compétences locales - Coût élevé des infrastructures et des logiciels - Faible sensibilisation et acceptation sociale	- Développement de startups et d’initiatives locales - Usage en cybersécurité, santé et finance - Partenariats internationaux pour l’innovation	- Risques éthiques et biais des algorithmes - Vulnérabilités en cybersécurité - Dépendance aux solutions étrangères
Blockchain	- Sécurisation des transactions et transparence - Potentiel dans la finance et l’administration publique - Croissance de la crypto	- Manque de cadre réglementaire - Faible adoption institutionnelle - Connaissance limitée des acteurs locaux	- Applications en traçabilité, gouvernance et fintech - Intégration dans la modernisation des services publics	- Risques liés aux fraudes et escroqueries - Régulation incertaine et adoption lente

	monnaie en Afrique			
Cloud Computing	- Réduction des coûts d'infrastructure IT - Flexibilité et évolutivité des services - Externalisation de la gestion IT	- Faible couverture Internet et infrastructures réseau limitées - Coût des abonnements aux services cloud - Risque de dépendance aux fournisseurs étrangers	- Modernisation des administrations et entreprises - Opportunités pour les startups locales - Sécurité et résilience accrues	- Menaces sur la souveraineté des données - Risques de cyberattaques et de fuites de données
5G et IoT	- Amélioration des performances réseau - Nouvelles opportunités pour l'industrie et l'agriculture	- Infrastructure télécom insuffisante - Coût élevé du déploiement - Pénétration limitée des objets connectés	- Applications dans la télémédecine, l'agriculture et la gestion urbaine - Accélération du développement numérique	- Vulnérabilités aux cyberattaques - Coût élevé pour les consommateurs - Régulation et cadre juridique en retard

L'essor des technologies émergentes au Congo représente à la fois un levier de développement et un défi majeur. L'IA, la blockchain, le cloud computing, la 5G/IoT et la cybersécurité offrent des opportunités considérables en matière d'innovation, de transformation digitale et d'optimisation des services publics et privés.

Toutefois, leur déploiement se heurte à plusieurs obstacles : manque de compétences locales, insuffisance des infrastructures, cadre réglementaire embryonnaire et vulnérabilités en cybersécurité. L'analyse SWOT réalisée montre que l'adoption de ces technologies doit être accompagnée de stratégies adaptées comme :

- Investir massivement dans la formation et la montée en compétence des professionnels IT.
- Développer des infrastructures numériques robustes et favoriser l'accessibilité aux technologies.
- Établir un cadre réglementaire clair et évolutif pour encadrer l'innovation sans freiner l'initiative privée.
- Renforcer la cybersécurité pour limiter les risques liés aux cyberattaques et assurer la souveraineté des données.

L'avenir du numérique au Congo dépendra de sa capacité à tirer parti de ces évolutions tout en minimisant leurs risques. Une approche collaborative entre gouvernement, secteur privé, institutions académiques et partenaires internationaux sera essentielle pour bâtir un écosystème numérique sécurisé, inclusif et durable.

PARTIE II :

Enjeux de la cybersécurité au Congo

À la suite de l'état des lieux posé dans la première partie, cette seconde partie de l'ouvrage se penche sur les enjeux stratégiques, économiques, sociaux et institutionnels liés à la cybersécurité au Congo. Elle vise à identifier les principales menaces qui pèsent sur l'écosystème numérique national, à analyser leurs conséquences concrètes, et à souligner l'importance cruciale d'une gouvernance efficace de la sécurité de l'information.

Cette partie présente une analyse structurée, sur la compréhension des menaces, l'évaluation de leurs impacts, et la reconnaissance des actifs à protéger en priorité. Elle constitue une base essentielle pour appréhender les décisions à prendre à l'échelle nationale.

Les trois chapitres qui la composent sont les suivants :

- Le **Chapitre 4**, consacré à la typologie des cybermenaces au Congo, présente les principales formes d'attaques observées ou redoutées dans le pays : phishing, ransomwares, DDoS, espionnage, fraudes financières, etc. Il distingue les menaces directes, passives, financières et géopolitiques, tout en intégrant des cas concrets comme les incidents touchant des institutions bancaires. Ce chapitre met aussi en lumière les faiblesses systémiques (cadre juridique, hébergement des données, vulnérabilités techniques) qui exposent le pays à ces menaces.
- Le **Chapitre 5** s'attache aux impacts économiques, sociaux et politiques des cybermenaces. Il explore les conséquences d'une cyber sécurité défaillante sur la confiance numérique, la stabilité des institutions, la compétitivité des entreprises et la protection des citoyens. Il met également en évidence les effets indirects sur la transformation digitale, l'inclusion numérique et la souveraineté technologique du pays.

- Le **Chapitre 6** insiste sur l'importance de la protection des données personnelles et des infrastructures critiques, devenues les nouvelles cibles stratégiques des cyber attaquants. Il met en perspective la fragilité des systèmes vitaux (télécoms, énergie, santé, finances) face aux intrusions, tout en soulignant le vide réglementaire entourant la gestion des données à caractère personnel au Congo.

En articulant menaces, impacts et actifs sensibles, cette partie vise à éclairer sur les enjeux de la cybersécurité au Congo. Elle montre qu'au-delà des aspects techniques, la cybersécurité est une question stratégique dans un environnement où la course à la digitalisation se veut de plus en plus croissante.

Chapitre 1

Typologie des cybermenaces au Congo

Les cybermenaces englobent toutes les attaques visant les systèmes informatiques, les réseaux et les données. Elles peuvent être le fait de cybercriminels, d'États, ou encore d'employés malveillants. Le développement numérique du Congo s'accompagne d'une multiplication des cybermenaces et des cyberattaques, souvent facilitées par une faible sensibilisation et un cadre réglementaire encore en développement. Ces menaces prennent des formes variées allant des attaques ciblées contre les infrastructures critiques aux fraudes en ligne affectant les citoyens et les entreprises. Ce chapitre vise à dresser un panorama des principales menaces pesant sur le cyberespace congolais, en identifiant leurs acteurs, leurs méthodes et leurs impacts.

Nous aborderons notamment :

- Les différentes formes de cyber attaques (phishing, malwares, ransomwares, attaques DDoS, exfiltration de données, etc.).
- Les acteurs impliqués dans les cybermenaces (hackers opportunistes, groupes cybercriminels, cyberactivistes, etc.).
- Les vulnérabilités spécifiques qui favorisent ces attaques.
- Des exemples illustrant les tendances récentes en matière de cybercriminalité.

En outre, afin de mieux comprendre ce qui va suivre, il est important de rappeler quelques définitions sur l'univers de la cybercriminalité et ses ramifications.

Définitions clés :

Cyberattaque : Une cyberattaque est une action malveillante et délibérée menée par un individu ou une organisation pour pénétrer dans un système informatique, un réseau ou un appareil connecté à Internet. Les cyberattaques peuvent avoir pour but de voler, modifier, détruire des données, extorquer de l'argent, perturber des opérations ou nuire à la réputation d'une cible.

Cybermenace : Une cybermenace est toute circonstance ou événement potentiel qui pourrait nuire à un système informatique, un réseau ou une organisation. Les cybermenaces peuvent être intentionnelles ou accidentelles. Elles peuvent exploiter des vulnérabilités dans les systèmes, les logiciels ou les comportements humains.

Cybercriminalité : La cybercriminalité est une activité illégale qui utilise un ordinateur, un réseau informatique ou un appareil connecté à Internet pour commettre un crime. La cybercriminalité peut inclure un large éventail d'activités, telles que le vol d'identité, la fraude en ligne, le piratage informatique, la diffusion de logiciels malveillants, le harcèlement en ligne et la distribution de contenu illégal.

Cyberactivistes (Hacktivistes) : Ce sont des personnes ou des groupes qui utilisent Internet et les technologies numériques pour promouvoir des causes politiques ou sociales. Ils peuvent mener des actions telles que des campagnes de sensibilisation en ligne, des pétitions, des attaques informatiques ciblées (hacktivisme) ou la diffusion d'informations pour dénoncer des injustices.

Surface Web (Web surface) : C'est la partie d'Internet qui est indexée par les moteurs de recherche classiques (Google, Bing, etc.). Il s'agit de l'ensemble des pages web accessibles publiquement.

Deep Web : Il désigne toutes les pages web qui ne sont pas indexées par les moteurs de recherche. Cela inclut par exemple les pages nécessitant une authentification (banque en ligne, messagerie, etc.), les bases de données en ligne, ou les pages volontairement non référencées.

Dark Web : C'est une petite partie du Deep Web qui nécessite des logiciels spécifiques (comme Tor) pour y accéder. Il est souvent associé à des activités illégales, mais il peut aussi servir à des personnes souhaitant protéger leur anonymat.

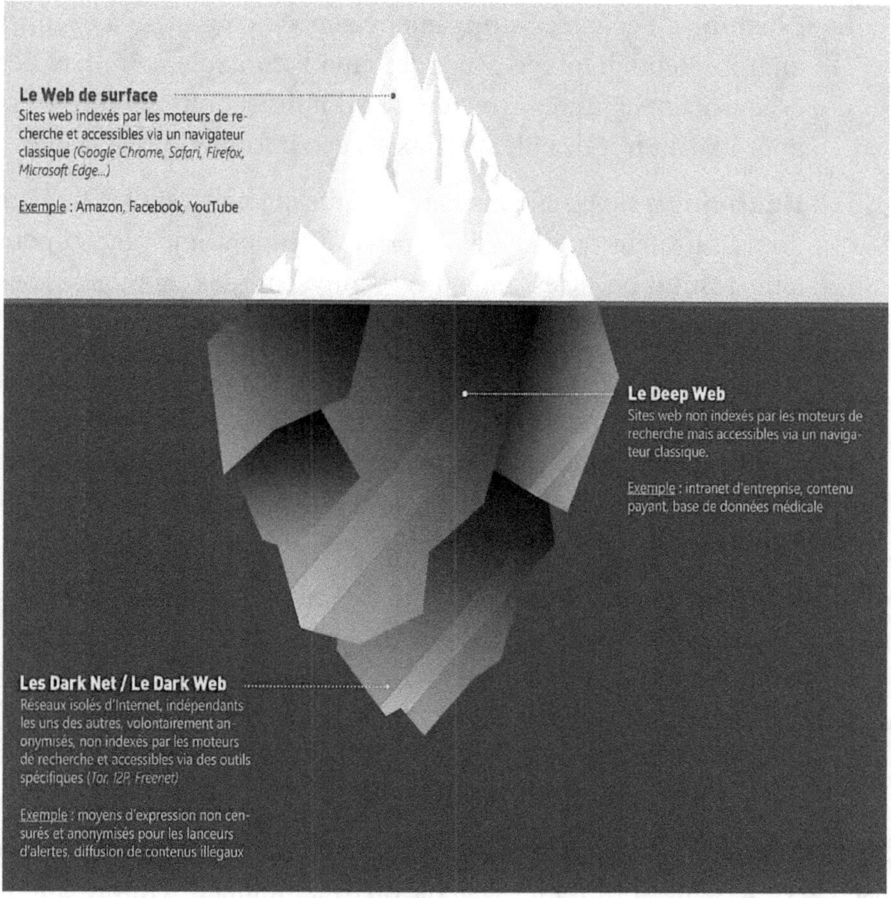

Figure 8 : Illustration web surface, Deepweb, Darkweb

1.1. Les Typologies des Cyberattaques

Les cyberattaques se manifestent sous différentes formes et ciblent des secteurs variés, allant des particuliers aux gouvernements en passant par les entreprises. On peut les classer en quatre grandes catégories : les cyberattaques directes ou actives, les cyberattaques passives, les cyberattaques financières et les cyberattaques géopolitiques.

1.1.1. Cyberattaques actives

Il s'agit d'attaques menées activement contre des systèmes informatiques dans le but de perturber, d'endommager ou de voler des informations.

- **Phishing** : Technique d'ingénierie sociale consistant à tromper un utilisateur en lui envoyant des emails frauduleux imitant des organismes légitimes (banques, administrations, entreprises) pour lui soutirer des identifiants ou des informations sensibles.
- **Ransomwares** : Logiciels malveillants qui chiffrent les fichiers d'un utilisateur ou d'une entreprise et exigent une rançon pour leur restitution. Ces attaques paralysent des hôpitaux, des entreprises et des institutions gouvernementales.
- **Attaques DDoS (Distributed Denial of Service)** : Consistent à saturer un serveur ou un site web avec un trafic massif pour le rendre indisponible. Ces attaques sont souvent utilisées pour faire pression sur des entreprises ou perturber des services publics.
- **Exfiltration de données** : Vol massif de données sensibles (informations personnelles, fichiers clients, documents confidentiels) via des attaques ciblées ou des brèches de sécurité.

1.1.2. Cyberattaques passives

Contrairement aux attaques directes ou actives, ces attaques restent discrètes et visent à infiltrer un système ou à manipuler des informations à des fins d'espionnage ou de déstabilisation.

- **Espionnage** : Utilisation de techniques cybernétiques pour infiltrer des réseaux informatiques, notamment dans les domaines militaire, économique et industriel. Les États et les grandes entreprises en sont souvent victimes.
- **Exploitation des vulnérabilités** : Profiter de failles de sécurité non corrigées dans des logiciels ou systèmes d'exploitation pour s'introduire dans un réseau informatique et y rester longtemps sans être détecté.
- **Deepfakes** : Vidéos ou enregistrements audios manipulés grâce à l'intelligence artificielle pour créer de fausses déclarations ou des faux contenus compromettants, souvent utilisés pour la désinformation ou le chantage.

1.1.3. Cyberattaques financières

Les cybercriminels ciblent les systèmes financiers pour réaliser des gains économiques illicites.

- **Fraudes en ligne** : Arnaques via des sites web falsifiés, fausses loteries, escroqueries sentimentales ou faux investissements.
- **Vols de crypto-monnaies** : Piratage de plateformes d'échange ou de portefeuilles numériques pour s'approprier des actifs numériques comme le Bitcoin ou l'Ethereum.
- **Usurpation d'identité** : Vol d'informations personnelles (numéros de carte bancaire, identifiants de connexion) pour effectuer des transactions frauduleuses au nom des victimes.

1.1.4. Cyberattaques géopolitiques

Certaines cyberattaques sont orchestrées par des États ou des groupes soutenus par des gouvernements pour perturber des infrastructures critiques et influencer des affaires internationales.

- **Implication des États-nations** : Des pays comme la Russie, la Chine, l'Iran et la Corée du Nord sont souvent cités pour mener des cyberattaques visant à collecter des informations sensibles, influencer des élections ou saboter des infrastructures étrangères.
- **Menaces sur les infrastructures critiques** : attaques visant des réseaux électriques, des systèmes de distribution d'eau, des infrastructures de télécommunications ou des institutions gouvernementales, dans un objectif de guerre cybernétique ou d'intimidation stratégique.

Les cybermenaces évoluent constamment et touchent aussi bien les particuliers que les grandes organisations. Face à cette diversité d'attaques, il est impératif d'adopter une approche proactive de cybersécurité, incluant la sensibilisation, la surveillance des systèmes et le renforcement des infrastructures numériques. La coopération entre les États, les entreprises et les acteurs du numérique est essentielle pour contrer ces menaces et protéger les systèmes d'information à l'échelle mondiale.

Après avoir établi une typologie des cybermenaces, il est essentiel d'analyser les cyberattaques les plus courantes dans le monde et leur impact sur l'Afrique, notamment au Congo.

1.2. Les cyberattaques les plus courantes

Se basant sur des données du monde entier, le rapport **Microsoft Digital Defense 2024** met en évidence l'état actuel du cybercrime, l'augmentation des cyber-agressions entre États, les tendances en matière de menaces. Les chiffres clés et tendances générales du rapport sont les suivants :

- plus de 78 000 milliards de signaux de sécurité analysés par jour, provenant de milliards de terminaux Windows, du cloud et d'un large éventail de produits et services. Cela représente une augmentation par rapport aux 65 000 milliards de signaux traités en 2023.
- 1,25 million d'attaques DDoS au cours du second semestre 2024, ce qui représente une multiplication par quatre par rapport à l'année dernière.
- 775 millions de messages électroniques contenaient des logiciels malveillants (juillet 2023-juin 2024), Le phishing reste une menace permanente pour la cybersécurité. Selon TrendMicro, les attaques de phishing ont augmenté de 58 % en 2023, avec un impact financier estimé à 3,5 milliards de dollars américains en 2024.
- 3 milliards de dollars de crypto-monnaies volés par des pirates nord-coréens depuis 2017.
- 54% des campagnes de phishing ciblant les consommateurs ont usurpé l'identité de marques de logiciels et de services.
- 7 000 attaques par mot de passe bloquées par seconde au cours de l'année écoulée.

- 80 % des organisations ont des chemins d'attaque qui exposent des actifs critiques.
- une pénurie importante de professionnels de la cybersécurité, avec un déficit de 60 000 professionnels en France et 300 000 en Europe.

Le rapport met en évidence une convergence entre les activités des acteurs étatiques et des cybercriminels. Les attaques comprennent des ransomwares, du phishing, des attaques d'identité, des opérations d'influence et des attaques par déni de service distribué (DDoS).

- **Ransomware :** On observe une augmentation de 2,75 fois des rencontres liées à des ransomwares exploités par des humains. Cependant, le pourcentage d'attaques atteignant la phase de chiffrement a diminué d'un facteur trois au cours des deux dernières années. Les ransomwares continuent d'être une menace majeure, avec les groupes Akira (17 %), Lockbit (15 %), Play (7 %), Blackcat (6 %), et Basta (6 %)
- **Phishing et ingénierie sociale :** Les attaques par hameçonnage (phishing) représentent la principale méthode d'intrusion initiale. Les secteurs les plus visés sont l'éducation, l'IT et le gouvernement. L'exploitation des deepfakes et des techniques avancées d'imitation numérique (IA) est en augmentation
- **Fraude :** Les incidents de fraude et d'abus sont en augmentation dans le monde entier, tant en volume qu'en sophistication. La fraude cybernétique comprend diverses activités, telles que les escroqueries par paiement, le "business email compromise" (BEC) et l'usurpation d'identité.
- **Attaques DDoS :** Les attaques DDoS ont considérablement augmenté, notamment en Inde. Les attaques par amplification DNS et les attaques par flooding de requêtes TCP ACK sont les plus courantes.
- **Menaces sur les Identités et l'Usurpation** : Une forte augmentation des attaques sur les identités a été signalée, avec un recours accru à l'ingénierie sociale pour compromettre les accès

Le rapport identifie plusieurs États-nations comme étant des acteurs importants dans le paysage des cybermenaces, notamment la Russie, la Chine, l'Iran et la Corée du Nord. Ces acteurs étatiques mènent des opérations de cyberespionnage, de destruction et d'influence, ciblant divers secteurs et régions du monde.

Le rapport souligne que les économies émergentes, y compris en Afrique, sont de plus en plus confrontées à la montée des menaces de cybersécurité. Microsoft s'engage à soutenir le renforcement des capacités cybernétiques en Afrique, notamment par le biais du "Africa Hub" du "Global Forum on Cyber Expertise" (GFCE). Le rapport mentionne l'initiative Accra Call for Cyber Resilient Development, qui met l'accent sur la nécessité d'une action mondiale pour répondre aux besoins et aux priorités des pays en développement en matière de cybersécurité.

Bien que le rapport ne mentionne pas spécifiquement le Congo Brazzaville, cependant, il inclut l'Afrique subsaharienne dans les régions ciblées par les acteurs étatiques, en faisant apparaître explicitement des pays comme l'Afrique du Sud, L'Ethiopie, l'Angola, le Kenya, le Nigeria, le mali, la Namibie et le Botswana. Cela montre que les pays africains, y compris le Congo Brazzaville, sont exposés aux cybermenaces émanant de divers acteurs, bien que le rapport ne fournisse pas de détails spécifiques sur le Congo.

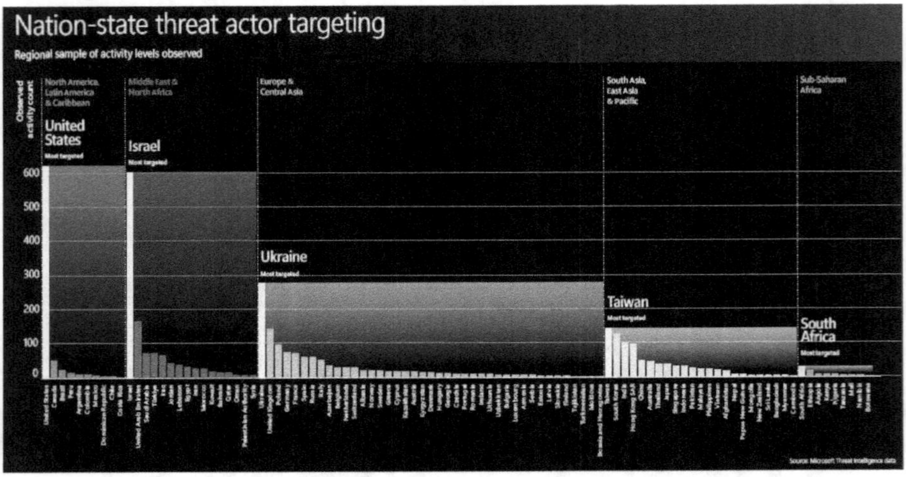

Figure 9 : Illustration cybermenaces à l'échelle mondiale

Le Microsoft Digital Defense Report 2024 met en lumière l'évolution des cybermenaces à l'échelle mondiale et la manière dont elles affectent divers secteurs. Toutefois, bien que le rapport fournisse des données détaillées sur les attaques ciblant des régions spécifiques comme l'Europe, l'Amérique du Nord ou encore certaines parties de l'Afrique, il ne propose pas de données précises sur les tendances propres au Congo-Brazzaville. Le continent Africain représente 2 % des cyberattaques mondiales observées dans le rapport et les attaques en Afrique subsaharienne sont souvent motivées par le vol d'identités et la fraude numérique.

L'absence de sources officielles et de statistiques spécifiques sur la cybersécurité au Congo rend difficile une évaluation précise des menaces. Néanmoins, certaines tendances générales peuvent être extrapolées. En Afrique, les principales cyberattaques sont souvent liées à des menaces telles que les fraudes en ligne, le phishing, les ransomwares et les intrusions sur les systèmes gouvernementaux. Les infrastructures critiques, notamment les services bancaires et administratifs, sont des cibles privilégiées.

Des outils comme Cybermap de Kaspersky permettent de suivre les cyberattaques en temps réel et offrent une visibilité sur les menaces affectant le Congo au quotidien. Cependant, ces outils restent limités dans l'analyse approfondie des causes et des impacts des attaques locales.

Face à ce manque de données précises, il devient essentiel pour le Congo de renforcer ses mécanismes de veille et de collecte d'informations sur les cybermenaces. La mise en place d'un centre national de cybersécurité, d'un CERT (Computer Emergency Response Team) et l'adoption de réglementations strictes sur la protection des systèmes d'information pourraient constituer des réponses stratégiques pour anticiper et contrer ces menaces.

Enfin, la sensibilisation des utilisateurs et des entreprises locales aux bonnes pratiques de cybersécurité reste un enjeu crucial pour réduire les risques liés aux cyberattaques et garantir un développement numérique sécurisé au Congo.

1.3. Cybercriminalité et acteurs malveillants

La cybercriminalité désigne l'ensemble des activités illégales menées à l'aide de technologies informatiques ou visant des systèmes informatiques. Elle englobe une variété d'actes, tels que les fraudes en ligne, les vols de données, la diffusion de logiciels malveillants, le cyber espionnage et le cyberterrorisme.

En Afrique, le nombre exact d'acteurs malveillants opérant reste difficile à déterminer en raison de la nature clandestine de leurs activités et du manque de rapports exhaustifs. Cependant, à l'échelle mondiale, plusieurs groupes de cybercriminels se sont distingués par l'ampleur et la sophistication de leurs attaques. Voici une présentation de certains des plus notoires et de leurs actions marquantes.

Tableau 18 : Présentation des groupes cybercriminel les plus notoires

Groupes	Description	Attaque notable
Lazarus Group ou APT38	Originaire de Corée du Nord, le Lazarus Group est réputé pour ses cyberattaques à motivation financière et politique. Ses attaques ciblent aussi bien des établissements financiers, des crypto-monnaies, des compagnies pharmaceutiques, des entreprises de cybersécurité ou de la culture et des infrastructures critiques. Ses activités s'étendent également au cyber espionnage, et le groupe de hackers nord-coréen est soupçonné de fournir des financements illicites à son gouvernement.	En 2014, le groupe a orchestré une attaque massive contre Sony Pictures Entertainment, entraînant la fuite de données sensibles et causant des perturbations majeures. En 2017, une autre action majeure a été attribuée à ce collectif : l'épisode WannaCry. Cette incursion a touché un nombre incalculable de systèmes informatiques à travers le monde, y compris des structures vitales comme le NHS (National Health Service) au Royaume-Uni.
Anonymous	Collectif de hacktivistes sans structure centralisée, Anonymous mène des actions	En 2010, en réponse au blocage de dons à WikiLeaks, Anonymous a

	pour défendre diverses causes politiques et sociales.	lancé des attaques par déni de service (DDoS) contre des institutions financières comme PayPal et Mastercard.
REvil (Sodinokibi)	Groupe de ransomware-as-a-service (RaaS), REvil a ciblé de nombreuses entreprises à travers le monde, exigeant des rançons élevées en échange de la restitution des données chiffrées.	En 2021, REvil a mené une attaque contre Kaseya, affectant des centaines d'entreprises clientes et demandant une rançon de 70 millions de dollars. Plus tôt en 2021, REvil a ciblé Acer Computer et Quanta Computer et a exigé le paiement de 50 millions de dollars de rançon de chacun d'entre eux.
DarkSide	Connu pour ses attaques sophistiquées, DarkSide opère également selon le modèle RaaS, fournissant des outils à des affiliés pour mener des cyberattaques.	En 2021, DarkSide a ciblé Colonial Pipeline, principal opérateur d'oléoducs aux États-Unis, provoquant des perturbations majeures dans l'approvisionnement en carburant. L'attaque contre Colonial a entraîné la fermeture de près de 6 000 miles de pipelines, ce qui a provoqué des pénuries généralisées. En plus des pénuries de carburant et des services interrompus, Colonial Pipeline a payé une rançon de 4,4 millions de dollars.
UGNazi	Basé aux États-Unis, UGNazi est un groupe de hacktivistes connu pour ses attaques DDoS et ses intrusions dans des systèmes gouvernementaux et corporatifs. Rassemblant les	Il est connu pour ses attaques DDOS « Tango Down » contre les sites du gouvernement fédéral des États-Unis, et pour avoir diffusé les informations

	hackers CosmoTheGod, JoshTheGod, MrOsama, CyberZeist et Daisuke, le groupe est spécialisé dans les attaques DdoS contre le gouvernement fédéral américain, à partir de 2011, mais aussi pour avoir fait fuiter des données sensibles de plusieurs personnalités politique américaines.	personnelles de figures politiques du gouvernement. Il s'est aussi attaqué à des sites d'entreprises comme Visa et Cloudflare, de communautés comme 4chan et Twitter ou d'institutions comme la CIA.
LockBit	Le LockBit est un groupe de cybercriminels spécialisé dans les attaques par rançongiciel depuis 2019. Il opère selon un modèle de Ransomware-as-a-Service (RaaS), recrutant des affiliés pour mener des attaques en utilisant ses outils et infrastructures. Considéré comme le groupe le plus nuisible au monde en 2024 les forces de l'ordre de plusieurs pays, dont le Canada, ont infiltré et perturbé LockBit. Quelques heures avant l'annonce, la page d'accueil du site de LockBit sur le Web caché (« dark Web ») avait été remplacée par les mots « ce site est désormais sous le contrôle des forces de l'ordre », à côté des drapeaux du Royaume-Uni, des États-Unis et de plusieurs autres pays, l'opération a été baptisée **CRONOS**.	• Attaque contre Accenture (2021) le groupe a revendiqué une attaque contre la société de conseil Accenture, publiant une partie des données volées. • Attaque contre TSMC (juin 2023) le fabricant de semi-conducteurs TSMC a été ciblé, avec une demande de rançon de 70 millions de dollars. • Attaque contre Boeing (octobre 2023) LockBit a ciblé le géant de l'aérospatiale Boeing, affectant notamment son activité de pièces détachées. • Attaque contre l'Industrial and Commercial Bank of China (ICBC) (novembre 2023) la filiale américaine de l'ICBC a été attaquée, perturbant le marché des bons du Trésor américain.

Figure 10 : Page d'accueil du site de LockBit lors de l'opération CRONOS

Ces exemples illustrent la diversité et la portée des menaces posées par les acteurs malveillants dans le cyberespace mondial. La vigilance et la coopération internationale restent essentielles pour contrer efficacement ces menaces. La cybercriminalité en Afrique, et plus particulièrement au Congo-Brazzaville, est en constante évolution, avec des acteurs diversifiés utilisant des méthodes variées pour atteindre leurs objectifs.

1.4. Facteurs aggravants des cybermenaces au Congo

Les cybermenaces au Congo sont exacerbées par plusieurs facteurs structurels et technologiques qui rendent les infrastructures numériques vulnérables aux attaques. Ces facteurs sont liés à des lacunes en matière de gouvernance, de formation, de régulation et de protection des infrastructures critiques.

1.4.1. Faible maturité en cybersécurité

Le niveau de cybersécurité au Congo reste insuffisant pour faire face aux menaces croissantes. Plusieurs entreprises et institutions publiques ne disposent pas de protocoles de sécurité solides pour protéger leurs systèmes d'information. Parmi les problèmes récurrents, on trouve :

- L’absence de culture du numérique dans les institutions publiques : Bon nombre d’administrations publiques utilisent encore des services de messagerie gratuits comme **Gmail, Yahoo ou Hotmail**, au lieu de domaines officiels sécurisés. Cela favorise :
    - Exposition accrue aux attaques de phishing et usurpation d’identité.
    - Risque de fuite de données sensibles stockées sur des serveurs étrangers.
    - Manque de traçabilité et difficulté à encadrer l’accès aux informations officielles.
- L’absence de politiques de cybersécurité formalisées.
- L'absence de plan de résilience défini (plan de continuité, plan de replis utilisateur, Plan de continuité informatique, plan de secours utilisateur,...)
- L’absence de plan de réponse aux incidents et de capacité de détection précoce des menaces.
- Une gestion des accès et des identités déficiente, favorisant les intrusions et les vols de données.
- L’absence de plan de formation, de renforcement des compétences et de sensibilisation à la sécurité des systèmes d'information.
- …

1.4.2. Insuffisance des infrastructures et des ressources techniques

L’un des défis majeurs de la cybersécurité au Congo est le manque d’infrastructures adaptées et de ressources techniques pour protéger les systèmes d’information. De nombreuses administrations et entreprises utilisent des équipements et logiciels obsolètes, ce qui les expose à des vulnérabilités connues et facilement exploitables.

Un autre facteur préoccupant réside dans le fait qu'un grand nombre de sites gouvernementaux sont hébergés chez des opérateurs privés étrangers, notamment OVH et d'autres fournisseurs internationaux. Cette dépendance à des infrastructures hors du territoire congolais compromet la souveraineté numérique, la protection des données sensibles et la résilience des services en cas de cyberattaque ou de coupure de connexion internationale.

A titre d'exemple en indexant quelques sites gouvernementaux pour découvrir les vulnérabilités connues auxquels ils sont exposés, force est de constater que bons nombres sont exposés à un grand nombre de vulnérabilités jamais corrigées dont la plus vieille dans certains cas date de 2007 CVE-2007-2768

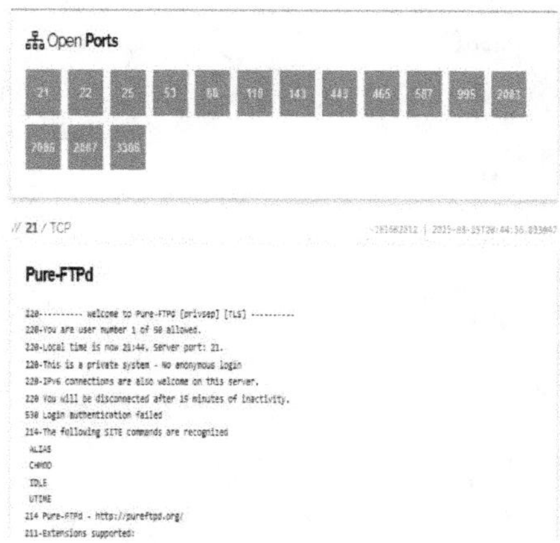

Figure 11 : *Illustration site gouvernementale 1*

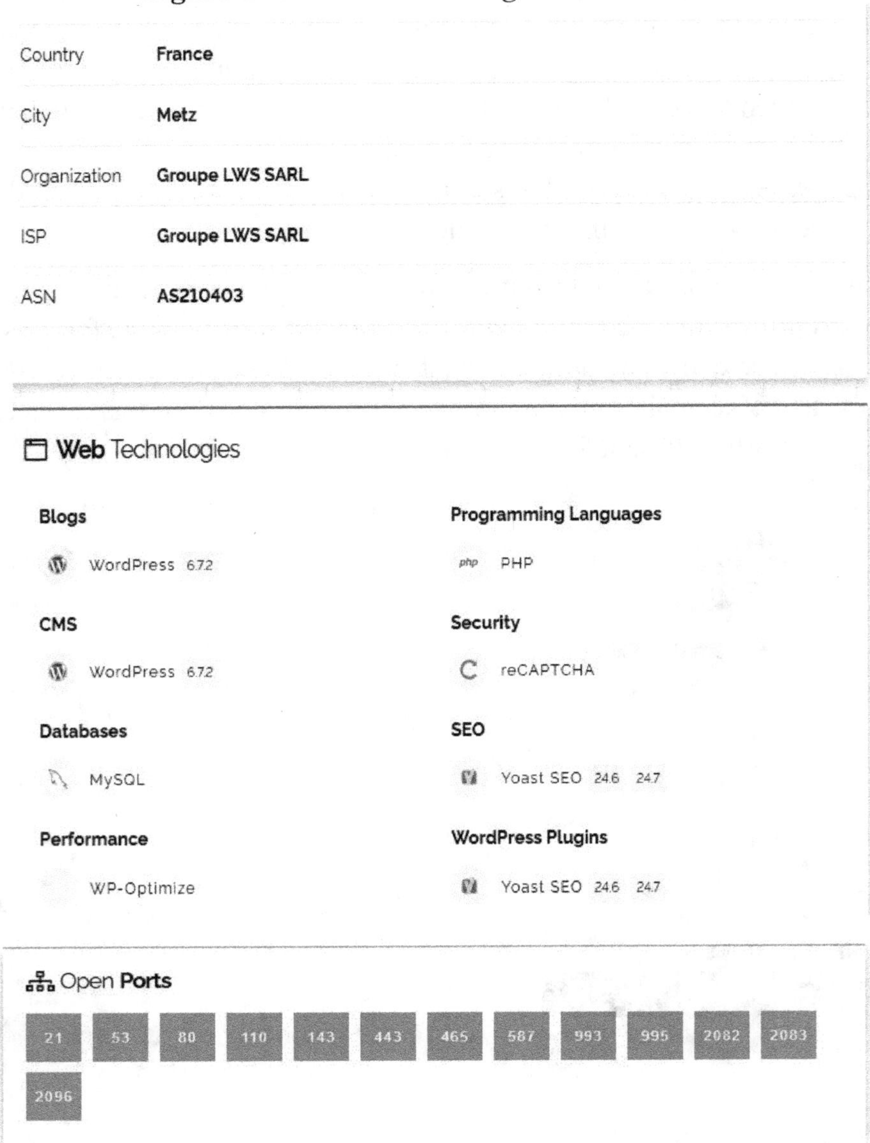

Figure 12 : *Illustration site gouvernementale 2*

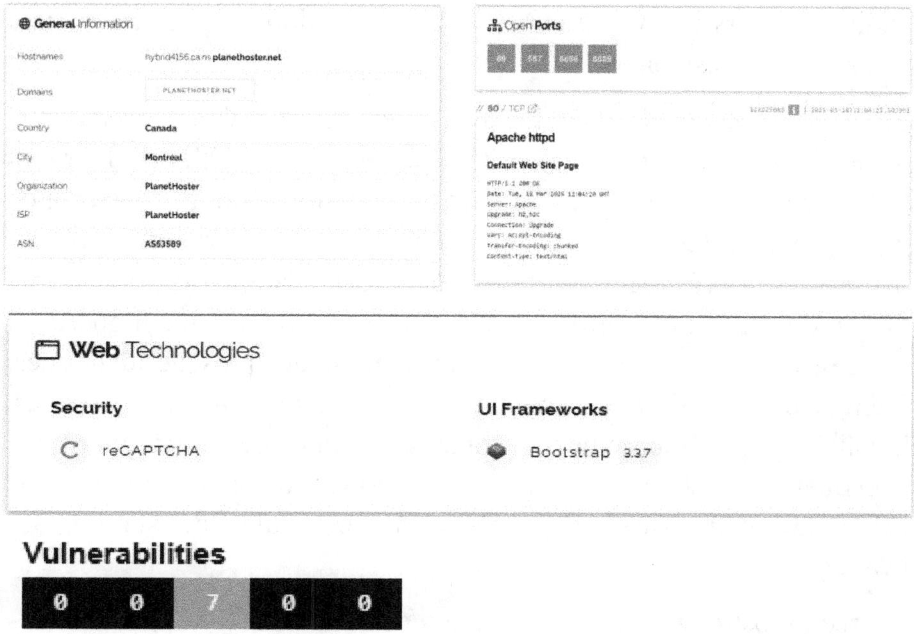

Figure 13 : *Illustration site gouvernementale 3*

1.4.3. Cadre législatif insuffisant et réglementation inadaptée

Le cadre législatif en matière de cybersécurité reste limité au Congo. En effet, il n'existe **pas de réglementation robuste** couvrant tous les aspects de la cybersécurité, notamment en matière de protection des infrastructures critiques. En conséquence, les entreprises et les institutions locales ne sont pas suffisamment encadrées pour adopter des mesures de protection efficaces contre les cybermenaces. L'absence d'une réglementation en cybersécurité et d'un cadre juridique adapté a déjà conduit à des incidents majeurs dans le secteur bancaire sous régional. Deux attaques récentes illustrent ces vulnérabilités :

BGFI Bank (Juin 2023) : La banque a été victime d'une cyberattaque menée par le groupe de hackers Bianlian, qui a exfiltré 256 Go de données sensibles comprenant des informations clients, des documents financiers et administratifs. Une rançon de 55 bitcoins (environ 1,67 million de dollars) a été exigée pour ne pas publier ces informations. Cette attaque démontre l'importance d'une réglementation imposant des audits réguliers de cybersécurité et des obligations strictes en matière de protection des données.

En 2021, la Banque Postale du Congo a été victime d'une cyberattaque majeure ayant entraîné le détournement d'environ 2 milliards de francs CFA. Selon les sources, des hackers ont réussi à infiltrer le système de la banque, probablement avec la complicité de certains employés internes, pour effectuer des retraits frauduleux. L'alerte a été donnée par la Banque Centrale, intriguée par une série de retraits importants effectués à l'aide de cartes monétiques aux codes presque identiques. L'enquête a conduit à l'arrestation d'au moins quinze personnes, inculpées pour détournement de fonds, association de malfaiteurs et vol. L'enquête a révélé que l'attaque avait été facilitée par des failles dans les contrôles internes et l'absence de protocoles de surveillance avancés.

Source :https://www.adiac-congo.com/content/affaire-banque-postale-du-congo-quinze-presumes-complices-de-vol-arretes-132413

1.4.4. Insuffisance des dispositifs de formation et de sensibilisation à la cybersécurité

La cybersécurité est encore peu prise en compte dans les entreprises et les administrations. Beaucoup d'employés, par manque de formation, sont vulnérables aux attaques d'ingénierie sociale comme le phishing et aux pratiques risquées comme l'utilisation de mots de passe faibles ou le partage d'informations sensibles par courriel. Le manque de formation se traduit aussi par un déficit de professionnels en cybersécurité dans le pays, rendant difficile la mise en place de stratégies efficaces de défense contre les cyberattaques.

1.4.5. Dépendance aux technologies étrangères et risques géopolitiques

Le Congo dépend largement de solutions informatiques développées à l'étranger (matériel, logiciels, infrastructures cloud). Cette dépendance entraîne des risques accrus en matière de backdoors, espionnage industriel et interruption des services en cas de sanctions ou conflits internationaux. A titre d'exemple, en 2018, des allégations ont été faites concernant l'Union africaine (UA), selon lesquelles le siège de l'UA à Addis-Abeba, construit par la Chine, aurait été mis sous écoute.

L'absence de fournisseurs locaux capables de proposer des solutions de cybersécurité adaptées au contexte congolais complique encore davantage la souveraineté numérique du pays.

1.4.6. Croissance rapide du numérique sans mesures de sécurité adaptées

Avec l'essor de la digitalisation, l'augmentation du nombre d'internautes et des transactions en ligne crée un environnement propice aux cybercriminels. Les entreprises congolaises adoptent des outils numériques sans toujours prendre en compte les bonnes pratiques de cybersécurité, exposant les utilisateurs à des risques croissants. L'intégration de l'intelligence artificielle (IA) dans les entreprises offre de nombreux avantages, mais elle comporte également des risques, notamment en matière de sécurité des données. L'utilisation non encadrée d'outils d'IA peut entraîner des fuites de données sensibles, compromettant ainsi la confidentialité et l'intégrité des informations.

Un exemple notable est celui de DeepSeek, une entreprise chinoise spécialisée dans l'IA. En janvier 2025, une base de données non sécurisée appartenant à DeepSeek a été découverte, exposant plus d'un million d'enregistrements sensibles, y compris des historiques de conversations et des clés API. Cette fuite a mis en lumière les dangers liés à une gestion inadéquate des infrastructures d'IA et à l'absence de mesures de sécurité robustes.

Le Congo-Brazzaville évolue dans un contexte numérique en pleine croissance, mais cette expansion s'accompagne de vulnérabilités accrues aux cybermenaces. Comme l'ont montré les tendances mondiales et régionales analysées dans ce chapitre, le pays fait face à une augmentation des attaques informatiques, bien qu'il manque de statistiques précises pour en mesurer l'ampleur exacte.

Face à ces constats préoccupants, il est essentiel de proposer des solutions adaptées pour renforcer la cybersécurité au Congo. Les principales menaces identifiées, telles que le phishing, les ransomwares, les attaques DDoS et l'exploitation des vulnérabilités des infrastructures critiques, nécessitent une approche proactive et concertée.

L'objectif est de construire un écosystème numérique résilient, capable d'anticiper, de détecter et de répondre aux cybermenaces. Cela passe par des investissements dans la formation, la coopération régionale et l'adoption de technologies souveraines, le manque de cadre réglementaire, la faiblesse des infrastructures locales, la dépendance aux technologies étrangères et le déficit en formation en cybersécurité sont autant de facteurs aggravants qui accentuent la vulnérabilité du pays.

De plus, l'absence d'un CERT (Computer Emergency Response Team) national et d'une gouvernance numérique efficace limite la capacité de réponse aux incidents et empêche la mise en place de stratégies de protection robustes.

Toutefois, des opportunités existent pour améliorer la résilience du Congo face aux cybermenaces. Le renforcement du cadre législatif et réglementaire, l'adoption d'une stratégie nationale de cybersécurité, la mise en place d'un CERT, le renforcement de la sensibilisation et la promotion d'un hébergement souverain sont des mesures essentielles pour renforcer la cybersécurité nationale. L'essor des outils de surveillance en temps réel pourrait également permettre de mieux anticiper les menaces locales et d'adapter les politiques de sécurité en conséquence.

Chapitre 2

Impacts économiques, sociaux et politiques de la cybersécurité

La transformation numérique du Congo, comme analysée dans les chapitres précédents, s'accompagne de défis majeurs en matière de cybersécurité. L'infrastructure numérique se développe rapidement, les cadres juridiques se précisent, et les usages numériques se démocratisent. Pourtant, cette avancée s'effectue dans un contexte où les menaces cyber sont croissantes, mettant à rude épreuve la résilience des systèmes d'information, la confiance des citoyens, et la souveraineté des institutions.

Au-delà des aspects techniques et réglementaires, la cybersécurité a des répercussions tangibles sur le tissu économique, social et politique du pays. Les attaques informatiques engendrent des pertes financières considérables, perturbent la fourniture des services publics, fragilisent les équilibres sociaux et posent de nouvelles questions en matière de gouvernance et de souveraineté numérique.

Ce chapitre se propose donc d'analyser les impacts multidimensionnels de la cybersécurité au Congo en s'appuyant sur les constats établis dans les chapitres 1 à 4. Il s'agira de mettre en lumière les coûts, les risques mais aussi les opportunités qu'implique la gestion de la cybersécurité, à travers trois axes majeurs : économique, social et politique.

1.1. Impacts économiques de la cybersécurité

La cybersécurité ne représente pas uniquement un enjeu technique ou institutionnel : ses conséquences se traduisent concrètement sur le plan économique. Dans un environnement numérique de plus en plus interconnecté, les cyberattaques peuvent provoquer des pertes financières directes, ralentir la productivité, compromettre la compétitivité des entreprises et fragiliser la confiance des investisseurs. Le Congo, à l'instar d'autres économies émergentes, doit désormais intégrer les risques cyber comme une composante stratégique de sa résilience économique. Cette section explore les différents impacts économiques de la cybersécurité, en s'appuyant sur des exemples concrets et des données locales, pour mieux comprendre comment les menaces numériques influencent les dynamiques de croissance, d'investissement et de développement durable.

1.1.1. Coût des cyberattaques pour les entreprises et les institutions

Les cyberattaques ont un coût direct et indirect de plus en plus lourd pour les entreprises et les administrations. Dans un environnement numérique encore peu sécurisé, de nombreux acteurs économiques ne disposent pas des moyens techniques et humains nécessaires pour détecter et contenir efficacement les intrusions. Les pertes engendrées peuvent être multiples : détournement de fonds, interruption de service, perte de données sensibles ou encore atteinte à la réputation.

Les petites et moyennes entreprises (PME), qui constituent l'essentiel du tissu économique congolais, sont particulièrement vulnérables. En l'absence de plans de continuité d'activité ou de dispositifs de sauvegarde robustes, une simple attaque de type rançongiciel peut entraîner des arrêts d'exploitation prolongés, voire la faillite. Les institutions publiques ne sont pas épargnées non plus : des attaques contre des ministères, des régies financières ou des services de santé peuvent avoir des conséquences budgétaires considérables.

Le manque de mécanismes de reporting formel des incidents de sécurité rend difficile l'évaluation précise des pertes financières à l'échelle nationale. Toutefois, les tendances observées dans d'autres pays africains permettent d'estimer que ces coûts se chiffrent en milliards de francs CFA chaque année.

Les cyberattaques entraînent des répercussions économiques significatives sur les entreprises et les institutions au Congo. Bien que les données spécifiques au Congo soient limitées, les tendances observées dans d'autres pays africains offrent un aperçu des risques encourus.

Par exemple, en Afrique du Sud, les cybercrimes coûtent environ 1 % du produit intérieur brut (PIB) du pays, avec une moyenne de 3 312 attaques hebdomadaires sur les entités gouvernementales et une augmentation de 90 % des ransomwares. Au Kenya, le secteur gouvernemental subit en moyenne 4 719 attaques par semaine, soulignant la nécessité de renforcer les défenses.

À l'échelle continentale, l'Afrique a enregistré en moyenne 2 960 cyberattaques hebdomadaires par organisation au deuxième trimestre de 2024, soit une augmentation de 37% par rapport à la même période en 2023. Cette tendance croissante des cybermenaces souligne l'urgence pour les entreprises et les institutions congolaises de renforcer leurs mesures de cybersécurité afin de protéger leurs actifs financiers et leur réputation

1.1.2. Influence sur l'investissement et la confiance numérique

La cybersécurité joue un rôle déterminant dans l'attractivité du pays pour les investissements numériques. Les investisseurs, qu'ils soient locaux ou étrangers, recherchent un environnement technologique fiable et sécurisé. Une législation claire, une gouvernance cohérente de la cybersécurité et une capacité avérée à gérer les incidents renforcent la confiance dans le marché congolais.

Inversement, une perception de vulnérabilité persistante peut décourager des projets d'investissement ou ralentir des partenariats technologiques stratégiques. Dans le secteur bancaire par exemple, les cyber-risques peuvent affecter la pénétration des services digitaux, la mise en œuvre des fintechs ou encore l'adoption de la bancarisation mobile.

La confiance numérique est aussi un facteur clé dans les transactions électroniques entre entreprises et avec les administrations. Un environnement numérique perçu comme risqué réduit l'adoption des services en ligne, freinant ainsi l'essor de l'économie numérique.

La cybersécurité est un facteur déterminant pour l'attractivité des investissements au Congo. Les investisseurs recherchent des environnements numériques sécurisés pour protéger leurs actifs et assurer la pérennité de leurs opérations. À l'échelle africaine, le marché de la cybersécurité était évalué à 600 millions USD en 2024 et devrait atteindre 1,14 milliard USD d'ici 2029, avec un taux de croissance annuel composé (CAGR) de 13,5%. Cette croissance reflète une prise de conscience accrue de l'importance de la cybersécurité pour le développement économique.

Toutefois, le manque de professionnels qualifiés en cybersécurité constitue un obstacle majeur. En 2024, le secteur mondial de la cybersécurité a connu une croissance de seulement 0,1%, atteignant 5,5 millions de professionnels, ce qui représente la plus faible augmentation en six ans. Cette pénurie de compétences peut dissuader les investisseurs potentiels, préoccupés par la capacité du pays à protéger les infrastructures critiques et les données sensibles

1.1.3. Opportunités économiques liées à la cybersécurité

Paradoxalement, les défis liés à la cybersécurité peuvent également générer de nouvelles opportunités économiques. Face à la montée des menaces, une demande croissante se développe pour les services de cybersécurité : audit, conseil, intégration de solutions, formation, etc. Cela ouvre la voie à un marché de niche, encore peu exploité localement.

La montée en puissance de startups ou d'entreprises spécialisées dans la sécurité numérique pourrait contribuer à la diversification de l'économie congolaise. De même, la mise en place de normes et de certifications (comme ISO 27001 ou HDS pour la santé) crée une dynamique favorable à la professionnalisation du secteur.

Enfin, la formation de talents en cybersécurité devient un enjeu stratégique. Universités, écoles d'ingénieurs et centres de formation ont un rôle central à jouer pour préparer une nouvelle génération de spécialistes capables d'adresser les enjeux sécuritaires à l'échelle nationale et régionale.

Malgré les défis, la cybersécurité offre des opportunités économiques significatives pour le Congo. L'augmentation des cybermenaces stimule la demande en services de cybersécurité, tels que les audits, le conseil et la formation. À l'échelle africaine, les investissements dans la cybersécurité ont augmenté de 35% en 2023, illustrant une tendance favorable au développement de ce secteur.

De plus, la nécessité de protéger les infrastructures critiques, comme les câbles à fibre optique, est devenue une priorité. Des entreprises technologiques, telles que Google, ont appelé les gouvernements africains à classer ces infrastructures comme critiques pour renforcer leur protection. Cette initiative pourrait entraîner des investissements accrus dans la sécurisation des infrastructures numériques, créant ainsi des opportunités pour les entreprises locales spécialisées en cybersécurité.

Enfin, le développement de centres de données en Afrique, soutenu par des investissements internationaux, témoigne de la reconnaissance du potentiel du continent dans le domaine numérique. Par exemple, la Société Financière Internationale (IFC) a investi 100 millions USD dans le groupe Raxio pour développer des centres de données dans plusieurs pays africains, dont la République Démocratique du Congo. Ces investissements offrent des perspectives de croissance pour les entreprises congolaises impliquées dans la cybersécurité et les technologies de l'information.

1.2. Impacts sociaux de la cybersécurité

Au-delà des dimensions techniques et économiques, la cybersécurité soulève également des enjeux sociaux majeurs. Les cybermenaces touchent les citoyens dans leur vie quotidienne : usurpation d'identité, escroqueries en ligne, atteintes à la vie privée ou encore désinformation sur les réseaux sociaux. Dans un pays comme le Congo, où la fracture numérique est encore présente et où la sensibilisation aux risques cyber reste faible, ces impacts sociaux peuvent accentuer les inégalités, fragiliser la cohésion sociale et réduire la confiance des populations envers les outils numériques. Cette section s'attache à analyser les principales répercussions sociales des cyberattaques et des vulnérabilités numériques, en mettant en lumière leur influence sur l'éducation, la santé, les libertés individuelles et la relation entre l'État et les citoyens.

1.2.1. Protection des citoyens et des données personnelles

La cybersécurité est au cœur de la protection des droits numériques des citoyens. Dans une société de plus en plus connectée, la sécurité des données personnelles, notamment dans les services de santé, de finances, d'éducation ou d'état civil, devient un enjeu central. Au Congo, comme dans de nombreux pays en développement, l'essor du numérique s'accompagne d'une augmentation de la collecte d'informations sensibles. Sans garanties suffisantes de sécurité, ces données peuvent être exposées à des usages frauduleux : usurpation d'identité, arnaques, escroqueries en ligne, etc.

La méfiance croissante des citoyens face aux services numériques est un frein à l'adoption de solutions digitales, pourtant essentielles à la modernisation des services publics. Selon une étude menée par la Banque Mondiale, dans plusieurs pays africains, plus de 45 % des citoyens disent ne pas avoir confiance dans les plateformes gouvernementales en ligne, notamment à cause du risque de vol de données. Au Congo, cette perception est accentuée par le manque de transparence et de communication autour de la gestion des incidents cyber.

La protection des données personnelles est essentielle pour instaurer la confiance des citoyens envers les services numériques. En Afrique, l'adoption rapide des technologies financières numériques, telles que le mobile money, a été accompagnée d'une augmentation des cyberattaques et des fraudes. Par exemple, le rapport de la Carnegie Endowment for International Peace souligne que l'Afrique est leader mondial en matière d'adoption du mobile money, mais fait face à une recrudescence des cyberattaques et des fraudes, ce qui compromet la confiance des utilisateurs dans ces services.

Source :https://carnegieendowment.org/research/2024/03/security-and-trust-in-africas-digital-financial-inclusion-landscape

De plus, le rapport de Paradigm Initiative révèle que des violations des droits numériques, notamment des atteintes à la protection des données et des cyberattaques, ont été signalées dans plusieurs pays africains, ce qui affecte négativement la confiance des citoyens dans les plateformes en ligne.

Source :https://aptantech.com/2024/04/26/pin-report-spotlights-state-of-digital-rights-and-inclusion-in-26-african-countries/

Un autre aspect souvent négligé, mais pourtant fondamental, des impacts sociaux de la cybersécurité concerne la protection des enfants en ligne. Avec l'accès croissant des jeunes aux outils numériques – réseaux sociaux, jeux en ligne, plateformes éducatives – les enfants deviennent des cibles vulnérables aux contenus inappropriés, au cyberharcèlement, à l'exploitation sexuelle en ligne ou encore à la manipulation idéologique. Selon l'Union Internationale des Télécommunications (UIT), plus de **80 % des enfants en Afrique** ont un accès non surveillé à Internet via des téléphones mobiles, souvent sans cadre légal clair ni dispositif de contrôle parental efficace.

Au Congo, la montée de l'utilisation d'Internet chez les jeunes notamment à travers les téléphones de dernière génération communément appelé *Smartphone* n'est accompagnée d'aucune stratégie nationale de protection spécifique pour les mineurs dans l'environnement numérique. Cette lacune ouvre la porte à des risques graves : exposition à la violence numérique, perte de repères identitaires, et interactions avec des adultes malveillants. L'UIT encourage pourtant chaque pays à adopter une politique de **Child Online Protection (COP)**, comprenant à la fois des mesures législatives, éducatives, techniques et sociales.

1.2.2. Inclusion numérique et fracture cyber

La cybersécurité joue également un rôle dans l'inclusion numérique. Si l'accès au numérique est un levier de développement économique et social, il peut aussi creuser les inégalités lorsqu'il n'est pas encadré par des politiques de protection adaptées. Les populations rurales, les personnes âgées, les jeunes non formés et les femmes sont souvent les premières victimes de cyberharcèlement, d'escroqueries en ligne ou d'accès non autorisé à leurs données personnelles.

En l'absence de programmes de sensibilisation à la cybersécurité, une grande partie de la population se retrouve exposée aux cybermenaces sans en avoir conscience ni les moyens de s'en prémunir. Cela contribue à une forme de « fracture cyber », où seuls les individus informés et dotés de ressources techniques peuvent véritablement profiter des avantages du numérique en toute sécurité.

1.2.3. Impacts sur les services publics (Éducation, sensibilisation et culture)

La construction d'une société résiliente face aux cybermenaces passe par un changement culturel. Il est impératif d'intégrer la cybersécurité dans les programmes scolaires, les formations professionnelles et les campagnes de sensibilisation publiques. Cela concerne aussi bien les comportements individuels (usage de mots de passe, vigilance face aux faux courriels) que les pratiques professionnelles (sécurisation des accès, sauvegarde des données, signalement des incidents).

De nombreuses initiatives émergent en Afrique pour sensibiliser les populations aux bonnes pratiques numériques, comme les **Cyber Africa Forums** ou les **mois de la cybersécurité** organisés dans certains pays. Le Congo gagnerait à intégrer ce type de campagnes au niveau national, en impliquant les écoles, les entreprises, les ONG et les médias. Ce changement de mentalité est fondamental pour favoriser une utilisation saine et sécurisée des outils numériques.

L'éducation et la sensibilisation à la cybersécurité sont cruciales pour renforcer la résilience des citoyens face aux menaces numériques. Une étude menée au Soudan a révélé que la majorité des étudiants de premier cycle dans les universités publiques avaient une faible sensibilisation à la cybersécurité, ce qui les rend vulnérables aux cybermenaces.

Source :https://www.researchgate.net/profile/Osman-Ahmed-14/publication/371640152_Cybersecurity_Awareness_in_African_Higher_Education_Institutions_A_Case_Study_of_Sudan/links/648d56b9b9ed6874a5b3a476/Cybersecurity-Awareness-in-African-Higher-Education-Institutions-A-Case-Study-of-Sudan.pdf

En réponse, des initiatives telles que le partenariat entre le Global Forum on Cyber Expertise (GFCE) et l'Union africaine visent à développer les capacités en cybersécurité et à renforcer la résilience cybernétique des nations africaines.

1.3. Impacts politiques et géostratégiques de la cybersécurité

La cybersécurité ne se limite pas à des enjeux techniques, économiques ou sociaux : elle est devenue un levier stratégique de souveraineté et d'influence politique. À l'échelle mondiale, les cyberattaques sont désormais des instruments de guerre silencieuse, utilisés pour espionner, déstabiliser des gouvernements, manipuler des opinions publiques ou affaiblir des systèmes démocratiques. Le Congo, comme d'autres pays africains, n'échappe pas à ces dynamiques. Dans un contexte où les infrastructures critiques se numérisent rapidement, et où la dépendance aux technologies étrangères est forte, la cybersécurité devient une question de sécurité nationale. Cette section examine les implications politiques de la cybersécurité pour le Congo, notamment en matière de souveraineté numérique, de coopération internationale, de confiance dans les institutions et de positionnement stratégique face aux grandes puissances technologiques.

1.3.1. Cybersécurité et souveraineté numérique

La souveraineté numérique désigne la capacité d'un État à exercer un contrôle autonome sur ses infrastructures numériques, ses données et ses systèmes d'information. Au Congo, cette notion prend une importance croissante à mesure que les services publics, les communications gouvernementales et les bases de données sensibles se digitalisent.

Dans un contexte où une grande partie des infrastructures numériques (hébergement, messagerie, plateformes de services) repose sur des solutions étrangères, souvent localisées hors du territoire national, le risque de dépendance stratégique est réel. Cela rend le pays vulnérable à des pressions économiques, diplomatiques ou techniques émanant d'acteurs étrangers, qu'ils soient étatiques ou privés.

La souveraineté numérique passe par plusieurs leviers :

- La localisation des données critiques sur le territoire national.
- Le développement de capacités techniques locales (cloud souverain, équipements de sécurité, etc.).

- La mise en place de normes nationales de cybersécurité alignées sur les standards internationaux.
- Le renforcement du rôle de l'Agence nationale de cybersécurité comme autorité de régulation.

Pour la République du Congo, cette souveraineté reste encore fragile. Plusieurs éléments contribuent à cette fragilité notamment :

- **Dépendance technologique** : La plupart des infrastructures critiques (data centers, serveurs cloud, applications de gestion administrative) reposent sur des technologies étrangères, souvent hébergées hors du territoire. Par exemple, de nombreux services publics congolais utilisent des outils cloud fournis par des entreprises américaines ou françaises, ce qui pose la question du contrôle effectif sur les données sensibles de l'État et des citoyens.
- **Vulnérabilité des services régaliens** : En l'absence de protocoles sécurisés robustes, des scénarios de manipulation de données, d'interruption de services de l'état civil ou de piratage d'actes administratifs restent plausibles. En 2021, des incidents de type déni de service ont été signalés sur certains portails de l'administration, sans communication officielle sur l'origine ni les conséquences de ces interruptions.

À défaut, le Congo risque d'être dépendant technologiquement et juridiquement d'autres puissances numériques, réduisant sa marge de manœuvre stratégique dans un monde où la donnée est devenue un levier de puissance.

1.3.2. Cybersécurité et relations internationales

La cybersécurité est devenue un enjeu majeur de politique étrangère. Le Congo, à l'instar de nombreux pays africains, est intégré dans des dynamiques de coopération régionale et internationale sur les questions cyber. Qu'il s'agisse de partenariats avec des pays comme la Chine, la Russie, la France ou les États-Unis, ou d'adhésion à des cadres africains tels que la Convention de Malabo (Union africaine), ces coopérations redessinent les rapports de force géopolitiques.

Plusieurs aspects sont en jeu :

- **Transfert de technologies :** les pays partenaires fournissent équipements, logiciels et formations, parfois en échange d'un accès préférentiel aux données ou aux marchés.
- **Formation et appui technique** : les missions d'experts et les bourses de formation façonnent les élites techniques locales selon les standards des pays donateurs.
- **Normes et standards :** chaque puissance pousse ses propres normes, ce qui peut créer des tensions de compatibilité ou de loyauté entre partenaires multiples.
- **Coopérations internationales** : Le Congo est membre de l'Union africaine et signataire de la Convention de Malabo sur la cybersécurité et la protection des données personnelles, adoptée en 2014. Toutefois, cette convention tarde à être ratifiée par de nombreux États et à être pleinement implémentée. L'intégration régionale via la Communauté économique des États de l'Afrique centrale (CEEAC) ou la CEMAC pourrait offrir une plateforme de collaboration cyber, notamment dans le partage d'alertes, la formation et la réponse conjointe aux menaces.
- **Influence des puissances étrangères** : La cybersécurité est aussi un vecteur d'influence. Des partenariats stratégiques avec la Chine, la Russie ou la France dans le domaine du numérique s'accompagnent parfois d'accords implicites sur la surveillance, la gestion des infrastructures critiques ou la fourniture de technologies sécuritaires. Par exemple, des équipements fournis dans le cadre de la surveillance des frontières ou de la cybersécurité nationale peuvent être assortis de clauses restrictives sur l'usage ou la maintenance.

Le Congo doit donc faire preuve de vigilance stratégique pour éviter les pièges de la « cyberdépendance diplomatique » et préserver son autonomie de décision. La mise en place de politiques de cybersécurité multilatérales, équilibrées et transparentes est une condition essentielle pour bénéficier de la coopération sans en subir les effets de domination.

1.3.3. Gouvernance et réglementation en cybersécurité

La cybersécurité nécessite une gouvernance claire et transversale, capable de coordonner l'ensemble des acteurs concernés : ministères, opérateurs publics et privés, forces de sécurité, société civile. L'organisation institutionnelle et juridique de la cybersécurité au Congo reste encore en phase de structuration :

- **Cadre législatif encore fragmentaire :** Le Congo a adopté en 2019 une loi sur la cybersécurité et la cybercriminalité, mais son application reste limitée. Les décrets d'application sont incomplets, et les institutions chargées de son exécution manquent de moyens. Par exemple, l'Agence nationale de la sécurité des systèmes d'information (ANSSI) prévue par la loi n'est à date qu'au stade embryonnaire et son opérationnalisation n'est pas effective.
- **Faible coordination interinstitutionnelle :** Il n'existe pas de centre national de réponse aux incidents cyber (CERT) pleinement opérationnel. Les incidents sont souvent traités de manière isolée par les opérateurs ou les ministères, sans cadre de coordination ou de reporting centralisé. Cela limite les capacités du pays à gérer les crises cyber de manière structurée et cohérente.
- **Faiblesse des politiques publiques :** L'absence de stratégie nationale de cybersécurité publiée (comme c'est le cas au Bénin, au Sénégal ou au Rwanda) rend difficile la mobilisation des acteurs publics et privés autour d'objectifs clairs. Une telle stratégie serait pourtant essentielle pour fixer les priorités, organiser la répartition des rôles et attirer des financements.

Au Congo, la gouvernance cyber reste encore fragmentée. L'absence d'une stratégie nationale claire ou l'existence de textes juridiques obsolètes peut entraver la capacité du pays à répondre efficacement aux menaces. En outre, les conflits de compétences entre institutions (ministère de l'Intérieur, télécoms, armée, justice) ralentissent la prise de décision et la mise en œuvre de mesures concrètes.

Pour aller de l'avant, le Congo gagnerait à :

- Clarifier le rôle de chaque acteur dans la chaîne de réponse cyber.
- Renforcer les capacités de régulation et de contrôle.
- Adopter un cadre législatif complet, aligné sur les meilleures pratiques internationales (RGPD, Convention de Budapest, etc.).
- Associer davantage la société civile et le secteur privé à la réflexion stratégique.

Tableau 19 : Présentation synthétique des enjeux cyber au congo

Enjeux	Situation actuelle au Congo	Risques associés	Leviers d'action
Souveraineté numérique	Forte dépendance aux infrastructures et solutions étrangères	Perte de contrôle sur les données sensibles, ingérence potentielle	Création de datacenters nationaux, renforcement de l'ANSSI, développement de solutions locales
Relations internationales	Partenariats bilatéraux non équilibrés, faible présence dans les alliances cyber africaines	Dépendance stratégique, manque de coopération régionale	Intégration dans des réseaux cyber régionaux (CERT CEEAC)
Gouvernance	Loi partiellement appliquée, absence de CERT, ANSSI peu visible et embryonnaires	Fragmentation des réponses, absence de reporting structuré	Élaboration d'une stratégie nationale cybersécurité, mise en œuvre de la gouvernance opérationnelle (CERT, coordination sectorielle)

Chapitre 3

Protection des données personnelles et des infrastructures critiques.

Dans un monde de plus en plus interconnecté, les données personnelles et les infrastructures critiques sont devenues les piliers invisibles de la stabilité des États modernes. Leur compromission ne relève plus du domaine de la fiction technologique, mais constitue une réalité tangible aux conséquences potentiellement dévastatrices.

Le Congo, engagé dans un processus de transformation numérique rapide, ne fait pas exception. L'essor des services en ligne, la digitalisation des administrations, l'essor des télécommunications et la modernisation progressive du secteur bancaire augmentent la surface d'exposition aux cybermenaces. Pourtant, cette transformation s'est accompagnée de vulnérabilités profondes, liées à l'insuffisance des mécanismes de gouvernance, à la faiblesse des dispositifs techniques de protection et à une méconnaissance générale des enjeux de la cybersécurité.

Ce chapitre propose une lecture croisée des enjeux liés à la protection des données personnelles, vecteurs d'identité et de droits, et des infrastructures critiques, supports essentiels au fonctionnement de l'État et de l'économie. À travers l'analyse des risques spécifiques, des failles structurelles, et des cas d'attaques observées en Afrique, il s'agit de comprendre pourquoi ces éléments doivent être traités comme des priorités nationales.

En posant ce double regard – technique, politique et stratégique – ce chapitre vise à alerter, structurer et engager les acteurs congolais vers une sécurisation systémique, urgente et durable.

1.1. Données personnelles : un enjeu de souveraineté et de confiance

À l'ère du numérique, la donnée personnelle est devenue un actif stratégique. Elle alimente les plateformes, guide les décisions politiques et économiques, et façonne les relations sociales. La collecte, le traitement et la conservation des données personnelles touchent l'ensemble des citoyens, des entreprises et de l'État. La sécurisation de ces données n'est donc pas seulement une question technique : elle conditionne la confiance numérique, mais aussi la souveraineté nationale.

1.1.1. Définition et typologie des données personnelles

Une donnée personnelle est toute information se rapportant à une personne physique identifiée ou identifiable. Elle peut être directe (nom, prénom, numéro d'identification) ou indirecte (adresse IP, données de localisation, empreintes biométriques). On distingue également les données sensibles, qui concernent la santé, l'orientation sexuelle, les opinions politiques ou religieuses, ou encore les données bancaires.

La donnée personnelle est définie, selon l'article 4 du Règlement Général sur la Protection des Données (RGPD) de l'Union européenne (UE 2016/679), comme : *« toute information se rapportant à une personne physique identifiée ou identifiable, directement ou indirectement »*.

Cette définition est largement reprise à l'international, notamment par l'OCDE et dans des standards comme la norme ISO/IEC 29100 : 2011 sur le cadre de la protection de la vie privée. Elle s'applique à toutes les formes d'informations permettant d'identifier une personne, y compris par recoupement avec d'autres données.

Typologies de données personnelles

Les données personnelles se classent généralement en plusieurs catégories :

- **Données d'identification directe** : nom, prénom, adresse postale, numéro de carte d'identité ou de passeport, numéro d'immatriculation.
- **Données d'identification indirecte** : adresse IP, identifiant de connexion, numéro de téléphone, cookies.
- **Données sensibles** : définies à l'article 9 du RGPD comme les données *« révélant l'origine raciale ou ethnique, les opinions*

politiques, les convictions religieuses ou philosophiques, l'appartenance syndicale, ainsi que les données génétiques, biométriques, de santé ou concernant la vie sexuelle ou l'orientation sexuelle d'une personne physique ».

- **Données économiques et financières** : comptes bancaires, transactions, historique de crédit.
- **Données de localisation** : coordonnées GPS, trajets, connexions aux bornes télécoms.
- **Données comportementales ou dérivées** : navigation web, historique d'achat, profils de réseaux sociaux.

Dans un environnement numérique en expansion rapide comme celui du Congo, ces données sont générées et collectées massivement par :

- les administrations publiques (état civil, fiscalité, éducation, santé) ;
- les opérateurs télécoms et fournisseurs d'accès Internet ;
- les banques et services financiers numériques ;
- les services de e-commerce et plateformes de services.

Le développement du numérique, avec l'usage croissant des smartphones, des réseaux sociaux, et des services en ligne (banques digitales, e-santé, plateformes éducatives), multiplie les points d'entrée de collecte de ces données.

1.1.2. Risques liés à la mauvaise protection des données personnelles

La mauvaise protection des données personnelles expose les individus, les entreprises et les États à des risques majeurs, à la fois sur les plans technique, juridique, économique et sociétal. Ces risques, amplifiés par la numérisation massive des services, constituent une menace croissante pour la souveraineté numérique, la sécurité des systèmes et la confiance des citoyens.

En France par exemple, la protection inadéquate des données personnelles constitue aujourd'hui l'une des principales sources de vulnérabilités numériques. Le volume croissant de données collectées, la multiplication des acteurs qui les traitent et la sophistication des cyberattaques accentuent les menaces pesant sur la vie privée, la sécurité économique et la souveraineté des États. La CNIL rappelle que toute entité qui collecte ou traite des données personnelles est tenue de mettre en œuvre des mesures techniques et organisationnelles appropriées pour garantir leur sécurité, conformément à l'article 32 du RGPD.

L'absence de dispositifs adéquats pour encadrer la collecte, le traitement et la conservation des données personnelles expose les individus, les organisations et l'État à des risques majeurs. Ces risques ont été largement documentés par des organismes comme l'Agence européenne pour la cybersécurité (ENISA), la CNIL en France, ou encore l'UIT (Union Internationale des Télécommunications).

Principaux risques :

- **Risques pour les individus : atteintes aux droits et à la vie privée**

La première conséquence d'une protection insuffisante est l'atteinte directe à la vie privée. Les données personnelles, lorsqu'elles sont détournées ou volées, peuvent être utilisées à des fins de :

- **Fuites et vols de données :** Les fuites de données représentent une menace directe pour les individus. Elles peuvent révéler des informations sensibles (identité, santé, revenus, opinions, etc.) et entraîner des conséquences graves : usurpation d'identité, escroqueries, harcèlement, discrimination. En 2024, l'ANSSI en France a observé une hausse de 15 % des événements de sécurité par rapport à 2023, avec 4386 incidents traités, dont 1361 confirmés comme attaques avérées, plusieurs impliquant des fuites massives de données

- **Atteinte à la vie privée :** Une donnée personnelle divulguée, même accidentellement, peut compromettre l'intégrité et la dignité d'un individu. Cela peut toucher des patients, des fonctionnaires, des militants, des enfants, etc. Des groupes comme Beregini et Zarya ont publié en 2024 des données personnelles et médicales d'athlètes dans le cadre d'actions de désinformation et de sabotage

- **Usurpation d'identité :** L'accès frauduleux aux informations personnelles permet à des criminels de se faire passer pour une victime pour ouvrir des comptes, souscrire à des crédits, ou contracter des services au nom d'autrui. En France, on estime que plus de 200 000 cas d'usurpation d'identité ont lieu chaque année *(source : Observatoire national de la délinquance – données extrapolables en Afrique avec prudence).*

- **Chantage et extorsion :** Les données volées peuvent être utilisées pour faire pression sur les victimes ou les organisations (ransomware, publication de données confidentielles). L'ANSSI rapporte plusieurs cas où des attaques par rançongiciel visaient directement des bases de données sensibles, comme celles de l'Université Paris-Saclay ou du Grand Palais

- **Perte de confiance dans le numérique :** Les citoyens peuvent se détourner des services publics numériques (état civil, santé, fiscalité) s'ils estiment que leurs données ne sont pas en sécurité. Cela limite l'efficacité des politiques de modernisation et d'e-gouvernement.

Selon le rapport annuel 2024 de la CNIL, la France a enregistré 15 639 plaintes liées à la protection des données personnelles, et 5 629 notifications de violation de données, signalant une forte augmentation des atteintes aux droits des personnes

- **Risques pour les organisations : pertes économiques et réputationnelles**

Pour les entreprises, la mauvaise gestion des données peut entraîner :

- des sanctions juridiques : jusqu'à 4 % du chiffre d'affaires annuel mondial selon le RGPD ;
- des coûts opérationnels liés aux fuites de données (investigations, réponse aux incidents, remédiation) ;
- une perte de confiance des clients, entraînant un désengagement commercial ;

- une interruption d'activité, notamment en cas de ransomware.

D'après le rapport CERT-FR 2025, les compromissions de données personnelles figurent parmi les 5 incidents les plus fréquemment signalés par les entreprises françaises, et 1 incident sur 2 en 2024 avait un impact direct sur la continuité d'activité des structures touchées

- **Risques pour les États : déstabilisation et perte de souveraineté**

Lorsque les données personnelles concernent des populations entières ou des agents publics (données de santé, de sécurité sociale, bases de données électorales...), leur compromission devient un enjeu de sécurité nationale. En particulier, les données stratégiques mal protégées peuvent :

- être exploitées à des fins de désinformation ou d'influence électorale ;
- faciliter la cyber-ingérence étrangère dans les institutions démocratiques ;
- miner la confiance des citoyens dans les institutions publiques.
- Instruments de manipulation politique ou géopolitique : L'exploitation massive de données à des fins de propagande ou d'ingérence peut déstabiliser des processus démocratiques (élections, référendums, mouvements sociaux). En 2024, plusieurs attaques documentées par l'ANSSI visaient à perturber des institutions ou événements d'envergure (ex : Jeux Olympiques, délégations diplomatiques)

Le phénomène est aggravé par la montée en puissance du capitalisme de surveillance, dénoncé dans les travaux de la CNIL, qui transforme les données personnelles en marchandises et favorise la manipulation comportementale de masse.

- **Quelques tendances et statistiques mondiales**

- Selon ENISA (2024), les violations de données personnelles constituent la 2e menace la plus fréquente dans le paysage cyber européen, derrière les ransomwares

- Le coût moyen d'une fuite de données en 2023 était estimé à 4,45 millions de dollars selon IBM, un chiffre en constante augmentation.
- 103 602 organismes ont désigné un DPO en France en 2024, ce qui traduit une montée de la prise de conscience, mais près d'un tiers des organismes contrôlés par la CNIL ne respectaient toujours pas les règles de sécurité minimale.
- Selon une étude de Cybersecurity Ventures, le coût global des cybercrimes devrait atteindre 10 500 milliards de dollars par an en 2025, en grande partie à cause de l'exploitation de données personnelles mal sécurisées.

1.1.3. Responsabilisation des acteurs publics et privés

La protection des données personnelles ne peut être efficace sans une responsabilisation claire, concrète et coordonnée des différents acteurs impliqués dans leur traitement. Cette responsabilité s'inscrit dans une logique de responsabilité ("accountability"), principe fondamental du Règlement général sur la protection des données (RGPD), selon lequel chaque responsable doit être en mesure de démontrer sa conformité. Dans un contexte congolais encore en construction sur le plan juridique et institutionnel, cette exigence constitue un enjeu prioritaire de gouvernance numérique.

- **Responsabilité des acteurs publics**

Les administrations, collectivités et établissements publics sont souvent détenteurs de larges volumes de données personnelles, qu'il s'agisse d'état civil, de données sociales, fiscales, de santé ou éducatives. À ce titre, ils doivent :

- Nommer un Délégué à la Protection des Données (DPO) ou un référent équivalent chargé de piloter la conformité ;
- Cartographier les traitements de données personnelles pour évaluer les risques associés ;

- Mettre en place des mesures de sécurité conformes aux recommandations (ex. : chiffrement, contrôle d'accès, anonymisation) ;
- Informer les citoyens de leurs droits (accès, rectification, opposition, etc.).

La CNIL insiste sur le fait que la négligence des administrations en matière de protection peut compromettre la confiance dans les services publics, et qu'elles doivent se positionner en modèles de conformité.

Dans le contexte congolais, la **Commission Nationale de Protection des Données à Caractère Personnel (CNPDCP)** prévue dans les projets de loi doit jouer ce rôle d'autorité de référence, en s'inspirant des pratiques européennes et africaines (notamment la convention de Malabo de l'Union africaine).

- **Responsabilité des acteurs privés**

Les entreprises – notamment celles opérant dans les télécoms, la banque, l'e-commerce ou la santé – sont de plus en plus collectrices et exploitantes de données sensibles. Elles sont tenues :

- de respecter les principes de minimisation et de finalité, en ne collectant que les données strictement nécessaires à leurs services ;
- d'intégrer la sécurité dès la conception ("privacy by design") dans leurs outils et applications ;
- de sensibiliser leurs collaborateurs aux bonnes pratiques (phishing, sécurisation des mots de passe, confidentialité) ;
- d'auditer régulièrement leurs systèmes d'information pour corriger les failles.

Le rapport CERT-FR 2025 rappelle que de nombreuses compromissions de données sont liées à des défauts de configuration (ex. : bases de données mal sécurisées, interfaces non protégées) ou à des sous-traitants négligents. La responsabilisation inclut donc aussi la gestion rigoureuse de la chaîne de sous-traitance.

- **Vers une culture de la conformité partagée**

La responsabilisation implique enfin un changement de posture : passer d'une logique de mise en conformité ponctuelle à une culture continue de la protection des données, intégrée dans les processus métiers, les pratiques quotidiennes et la gouvernance stratégique.

Selon la CNIL, les outils de responsabilisation comprennent notamment :

- les analyses d'impact sur la vie privée (PIA/DPIA),
- la tenue d'un registre des traitements,
- la mise en œuvre de codes de conduite sectoriels,
- et l'encadrement contractuel clair avec les partenaires.

En République du Congo, ces pratiques devront être progressivement institutionnalisées et soutenues par un cadre juridique solide, des campagnes de sensibilisation ciblées, et un renforcement des compétences des professionnels du numérique.

1.1.4. Sensibilisation et éducation à la culture de la protection des données

La réussite des politiques de protection des données personnelles repose en grande partie sur la compréhension des enjeux par l'ensemble des parties prenantes : citoyens, agents publics, salariés d'entreprises, décideurs politiques. Cette sensibilisation doit permettre non seulement de renforcer la vigilance individuelle et collective, mais aussi d'ancrer une culture de la protection des données dans la société congolaise.

- **Une méconnaissance persistante du grand public**

Dans de nombreux pays africains, y compris au Congo, la connaissance des droits numériques et des bonnes pratiques de cybersécurité reste limitée. D'après une étude menée par le Centre Africain de Cybersécurité en 2023, moins de 25 % des personnes interrogées savent identifier une donnée personnelle, et plus de 60 % ignorent leurs droits d'accès ou d'opposition.

Cette situation favorise les comportements à risque : divulgation involontaire de données (*ex. : photos d'identité, numéros de téléphone sur les réseaux sociaux*), installation d'applications non sécurisées, utilisation de mots de passe faibles, etc. Elle expose aussi les populations à des dérives comme le harcèlement en ligne, l'usurpation d'identité, ou les arnaques aux faux profils.

- **Le rôle des institutions dans l'éducation numérique**

La CNIL française et l'ANSSI en France soulignent l'importance de l'inclusion de l'éducation au numérique dans les programmes scolaires dès le plus jeune âge cette approche vise à :

- former des citoyens numériques responsables, capables de protéger leur vie privée ;
- promouvoir une compréhension des droits numériques fondamentaux ;
- créer une génération consciente des risques numériques et des outils de protection.

Au Congo, il serait opportun d'initier des modules éducatifs dans les cursus secondaires et universitaires, en lien avec la stratégie numérique nationale. Des campagnes dans les écoles, en partenariat avec les ministères de l'Éducation, des Télécommunications et de la Sécurité, peuvent compléter ce dispositif.

- **Former les professionnels et décideurs**

Les agents publics, les employés du secteur privé, les responsables informatiques, les journalistes et les magistrats sont aussi des cibles prioritaires. Une mauvaise manipulation de données par un seul acteur peut avoir des conséquences graves (ex. : fuite d'une base de données de patients, perte de documents judiciaires, fuite de données fiscales).

Les initiatives suivantes sont à privilégier :

- formations spécifiques à la gestion des données personnelles pour les agents de l'État ;
- séminaires pour les journalistes, appelés à traiter des sujets sensibles ;

- formations continues dans les entreprises, notamment dans les secteurs critiques (banque, santé, énergie) ;
- intégration de modules RGPD et sécurité des données dans les cursus en informatique, droit et administration.

L'ENISA, dans son rapport sur les cybermenaces 2024, insiste sur l'importance de simulations de crise et de sensibilisation par des exercices pratiques, qui permettent de tester les réflexes et les capacités de réaction en cas d'attaque ou de violation de données

1.1.5. Des incidents liés à la violation des données en Afrique

Voici une liste de quelques fuites de données majeures survenues en Afrique entre 2022 et 2025, impliquant des vols ou des compromissions de données personnelles. Ces incidents touchent aussi bien des institutions publiques que des entreprises privées, illustrant la vulnérabilité croissante du continent face aux cybermenaces.

Tableau 20 : Récent cas majeurs de fuites de données en Afrique

Année	Pays	Organisation / Secteur	Description de l'incident
juin 2025	Maroc	Ministère de la Justice	Jabaroot DZ prétend avoir piraté les données de 5 000 juges et 35 000 agents, revendication officiellement démentie.
Avril 2025	Maroc	CNSS (Publique)	Fuite massive de données à la Caisse Nationale de Sécurité Sociale: 2 millions de salariés, RIB, salaires, numéros d'identification. Attaque revendiquée par le groupe Jabaroot DZ, en lien avec tensions géopolitiques
Avril 2025	Afrique du sud	MTN Group (Télécoms)	MTN a confirmé une violation de sécurité ayant entraîné un accès non autorisé aux données personnelles de certains clients dans plusieurs pays africains. Bien que les systèmes critiques tels que le réseau principal, la facturation et les services financiers soient restés opérationnels, l'incident a suscité des inquiétudes quant à la confidentialité des informations clients.
Avril 2025	Afrique du sud	Cell C (Télécoms)	L'opérateur de télécommunications Cell C a été victime d'une cyberattaque menée par le groupe Random House, qui a exposé des données sensibles de clients. L'entreprise a exhorté les utilisateurs à rester vigilants face aux tentatives de fraude.
Mars 2025	Afrique du Sud	Pam Golding Properties	L'agence immobilière Pam Golding Properties a signalé une violation de sécurité compromettant les données de milliers de clients. Des mesures ont été prises pour renforcer la sécurité et informer les parties concernées.
Janvier 2025	Zambie	Banque de Zambie (Finance)	La Banque de Zambie a été victime d'une cyberattaque perturbant certaines de ses applications, notamment le système de suivi des bureaux de change.

2024	Ouganda	Banque centrale d'Ouganda (Finance)	Le groupe de hackers "Waste" a infiltré les systèmes de la banque, dérobant 62 milliards de shillings ougandais.
2024	Nigeria	Flutterwave (Fintech)	Piratage entraînant la perte de milliards de nairas, exposant des failles dans les systèmes de sécurité du secteur financier.
2024	Namibie	Telecom Namibia (Télécoms)	Attaque de ransomware compromettant des données sensibles de clients, certaines informations ayant été divulguées sur le dark web.
2024	Nigeria	Bureau National des Statistiques	Site web piraté, affichant un message de hackers, soulevant des inquiétudes sur la sécurité des données publiques.
2024	Kenya	Micro and Small Enterprise Authority	Cyberattaque avec des données sensibles mises en vente sur le dark web pour 100 000 dollars.
2024	Afrique du Sud	National Health Laboratory System	Cyberattaque majeure en juin, perturbant les services essentiels du laboratoire national de santé.
2024	Djibouti	Djibouti Ports & Free Zones Authority	Cyberattaque avec environ 32 Go de données sensibles extraites des systèmes, incluant des informations personnelles d'employés et des documents internes sensibles.
2024	Afrique du Sud	CSPI	La Commission des Sociétés et de la Propriété Intellectuelle a subi une Cyberattaque exposant illégalement des informations personnelles de clients et d'employés.
2024	Guinée	Guinea Investment Forum	Site web rendu inaccessible par le collectif Anonymous, qui a revendiqué l'accès à toutes les données du domaine.
2024	Cameroun	ENEO (Énergie)	Vol de données en janvier, perturbant le service de rechargement pour les usagers.

1.2. Infrastructures critiques piliers de la stabilité nationale

Si les données personnelles représentent l'identité numérique des individus, les **infrastructures critiques** incarnent, quant à elles, l'ossature fonctionnelle de la Nation. Il s'agit des secteurs et des systèmes qui soutiennent la vie économique, sociale, sanitaire et sécuritaire du pays : production et distribution d'énergie, télécommunications, transport, services financiers, approvisionnement en eau, établissements de santé, systèmes d'information de l'administration publique, etc.

Dans un État comme le Congo, où de nombreux services essentiels sont encore en construction ou en modernisation, la protection de ces infrastructures revêt une **dimension stratégique majeure**. Leur vulnérabilité ne se limite pas à des pertes matérielles : elle peut provoquer des crises sanitaires, paralyser les services publics, compromettre la sécurité nationale et semer le doute dans l'opinion publique.

Or, dans un contexte d'interconnexion croissante, ces infrastructures reposent de plus en plus sur des systèmes numériques. Cela les rend **hautement exposées aux cyberattaques**, aux intrusions, au sabotage, à l'espionnage ou aux dénis de service. Les attaques subies dans plusieurs pays africains montrent que les opérateurs d'importance vitale (OIV) et les opérateurs de services essentiels (OIE) sont devenus des cibles de choix pour les groupes cybercriminels, hacktivistes et même des acteurs étatiques.

Cette section se propose de :

- Définir les infrastructures critiques et leur rôle dans la résilience nationale ;
- Présenter les notions d'OIV et OIE, aujourd'hui absentes du droit congolais mais essentielles pour structurer une politique de sécurité ;
- Identifier les menaces spécifiques auxquelles elles sont confrontées ;

- Évaluer leur niveau de maturité face aux cyber risques ;
- Enfin, proposer les politiques de protection à mettre en œuvre pour garantir leur disponibilité, leur intégrité et leur sécurité.

Car protéger les infrastructures critiques, c'est **protéger le fonctionnement même de l'État, la sécurité des citoyens et la continuité des services vitaux**.

1.2.1. Définition des infrastructures critiques

Les infrastructures critiques (IC) sont définies comme « *les actifs, systèmes ou parties de ceux-ci qui sont essentiels au maintien des fonctions vitales de la société, de la santé, de la sécurité, de l'ordre public ou du bien-être économique et social des populations* » (directive européenne CER 2022/2557). Leur indisponibilité, destruction ou altération peut avoir des conséquences majeures sur l'économie, la sécurité nationale ou la vie des citoyens.

Ces infrastructures incluent généralement :

- Les secteurs de l'énergie (électricité, pétrole, gaz),
- Les télécommunications et Internet,
- Le transport (aérien, maritime, ferroviaire),
- Les systèmes de santé,
- L'approvisionnement en eau et alimentation,
- Les finances et banques,
- Les administrations publiques.

Chaque pays établit sa propre cartographie des infrastructures critiques selon ses priorités stratégiques.

1.2.2. Introduction aux OIV / OIE

Dans le champ de la cybersécurité, la France a introduit les notions **d'Opérateurs d'Importance Vitale (OIV)** et **d'Opérateurs d'Importance Essentiels (OIE),** tandis que le cadre européen étend cette logique avec les **Entités Essentielles (EE)** et les **Entités Importantes (EI)** dans la directive NIS 2.

OIV : désigne des entités publiques ou privées qui exploitent des infrastructures critiques et dont l'atteinte aurait un impact significatif sur la nation. En France, ces opérateurs sont soumis à des obligations renforcées par l'ANSSI (ex. : sécurité des systèmes d'information).

OIE (ou OSE/EE) : désigne les opérateurs qui fournissent des services essentiels au fonctionnement de la société, sans nécessairement relever de la défense ou de la souveraineté, mais dont la cybersécurité est également critique (ex. : cloud, data centers, fournisseurs SaaS…).

Dans un contexte africain, peu de pays ont une catégorisation formelle équivalente aux OIV/OIE. Toutefois, les institutions critiques telles que les régies financières, compagnies d'électricité, opérateurs télécoms et banques centrales devraient être identifiées comme telles.

1.2.3. Menaces pesant sur les OIV/OIE au Congo

Les opérateurs d'infrastructures critiques au Congo sont confrontés à un contexte particulièrement vulnérable face aux cybermenaces, en raison de facteurs structurels, techniques et organisationnels. Le Congo n'échappe donc pas à la montée des menaces cyber. Les OIV/OIE sont confrontés à des attaques variées tel que :

- **Ransomwares (rançongiciels) :** Les ransomwares figurent parmi les menaces les plus répandues et destructrices ciblant les OIV/OIE. Ils peuvent paralyser des services essentiels (ex. : santé, électricité, finances) en cryptant les données jusqu'à paiement d'une rançon. *ENISA* classe les ransomwares comme la première menace cyber mondiale en 2024.
- **Phishing et compromission des e-mails professionnels :** La compromission des adresses officielles est facilitée par l'usage courant au Congo de services de messagerie gratuits (Gmail, Yahoo, Outlook) par des institutions gouvernementales. Ce manque de contrôle sur l'infrastructure de messagerie institutionnelle expose les OIV/OIE à des attaques d'usurpation et de fraude.
- **Intrusions réseau et exfiltration de données** : L'absence d'outils de supervision réseau (SIEM, IDS/IPS), conjuguée à

une segmentation faible ou inexistante des systèmes, permet aux cybercriminels de persister dans les réseaux pendant des semaines sans détection. Les cas de data leakage touchant les télécoms et les ministères sont probables bien que rarement divulgués.

- **Défacement de sites web et attaques DDoS** : De nombreux sites gouvernementaux hébergés sur des plateformes peu sécurisées ont déjà été victimes de défigurations ou d'indisponibilités. L'utilisation de noms de domaine non souverains (souvent en *.com* ou *.org*) empêche la centralisation de la cybersécurité nationale et multiplie les vecteurs d'attaque.

Facteurs aggravants spécifiques au contexte congolais

- **Absence de culture cyber chez les décideurs** : Une grande partie des responsables institutionnels, y compris au plus haut niveau, n'ont pas été sensibilisés aux enjeux de la cybersécurité, ce qui se traduit par :
    - Des budgets cybersécurité inexistants ou anecdotiques ;
    - Des décisions de numérisation prises sans évaluation des risques ;
    - L'absence de RSSI ou de stratégie cyber dans de nombreux organismes publics.
- **Utilisation massive de logiciels piratés et de systèmes obsolètes :** Les audits techniques révèlent une forte présence de :
    - Systèmes d'exploitation non mis à jour (Windows 7, Windows Server 2008) ;
    - Suites bureautiques ou antivirus non licenciés, donc non mis à jour ;
    - Failles connues non corrigées sur les serveurs exposés à Internet.
- **Partage de comptes, absence de MFA et de journalisation :** Les pratiques d'hygiène numérique sont faibles :
    - Comptes administrateurs partagés entre plusieurs agents ;

  - o Aucune authentification à deux facteurs (2FA) ;
  - o Journaux d'audit absents ou non consultés, empêchant la détection d'intrusion
  - o Non-respect des politiques et procédures de sécurité

- **Hébergement non sécurisé et dépendance aux plateformes étrangères :** Plusieurs services critiques (bases de données d'état civil, téléservices, données fiscales, etc.) sont hébergés à l'étranger, sans clause de réversibilité, ni exigence de conformité (ex. : ISO 27001, RGPD). Cela expose les données à des risques extraterritoriaux de perte de souveraineté et de non-conformité légale.

En conclusion les OIV/OIE au Congo évoluent dans un contexte de vulnérabilité élevée, aggravée par une faible maturité cyber, un manque de gouvernance, et des pratiques numériques à risque. Les menaces cyber sont réelles, croissantes, et pourraient avoir des impacts critiques sur la souveraineté numérique, la continuité des services essentiels, et la stabilité socio-économique.

1.1.2. État de maturité cyber des OIV/OIE au Congo

Mes enquêtes de terrain, retours d'audit et analyses de sécurité permettent d'établir une réalité préoccupante. Sur l'échelle de maturité définie par le NIST Cybersecurity Framework ou la Méthode EBIOS Risk Manager, la majorité des OIV/OIE congolais se situent entre les niveaux 1 (Partial) et 2 (Risk informed), caractérisés par :

Tableau 21 : Echelle de maturité du NIST Cybersecurity Framework 2.0

Niveau		Description
1	Partial	Processus inexistants ou informels, dépendance aux individus. Aucune stratégie.
2	Risk informed	Présence de certaines pratiques isolées, mais non formalisées ni mesurées.
3	Repeatable	Politiques formelles, pratiques établies, améliorations progressives.
4	Adaptive	Organisation agile, capable d'adapter sa posture en fonction des menaces.
5	Optimised	Amélioration continue, stratégie cyber alignée avec les objectifs d'affaires.

Très peu atteignent le niveau 3 (défini) où les politiques sont établies et suivies, et aucun OIV n'atteint le niveau 4 (quantitativement géré) ou 5 (optimisé) selon les constats disponibles.

Tableau 22 : Indicateurs de faible maturité des OIV observé dans le contexte Congolais

Catégorie	Indicateur observé	Conséquences potentielles
Gouvernance	Absence de RSSI ou d'équivalent dans les structures critiques	Flou sur les responsabilités, non-conformité réglementaire
Gouvernance	Aucune Politique de Sécurité des Systèmes d'Information (PSSI)	Pas de stratégie cybersécurité globale, ni de pilotage des risques
Gouvernance	Rares évaluations des risques cu analyses de menaces.	Pas de stratégie cybersécurité globale, ni de pilotage des risques
Identité numérique	Utilisation de boîtes e-mail gratuites (Gmail, Yahoo, Hotmail) pour les échanges officiels	Usurpation d'identité, falsification de messages, perte de confiance

Identité numérique	Absence d'annuaires internes et d'authentification forte	Accès non maîtrisé aux ressources critiques
Infrastructure	Aucune journalisation ou enregistrement des événements	Impossible de détecter ou d'analyser les incidents
Infrastructure	Pas de segmentation réseau, ni filtrage du trafic	Propagation rapide des attaques, non-confinement des intrusions
Infrastructure	Données hébergées sur des serveurs étrangers, non souverains	Perte de contrôle, risques de surveillance ou d'ingérence extérieure
Détection et réponse	Absence d'outils de détection d'intrusion (SIEM, IDS, etc.)	Attaques non détectées ou détectées trop tard
Détection et réponse	Aucun plan de réponse aux incidents, ni exercice de crise	Désorganisation totale en cas de cyberattaque majeure
Culture et sensibilisation	Faible niveau de sensibilisation des cadres décisionnels et techniques	Mauvaises pratiques, sous-estimation des cybermenaces
Culture et sensibilisation	Absence de formation régulière du personnel	Renforcement des vecteurs d'ingénierie sociale
Conformité	Inexistence de cartographie des données ni de registre de traitement	Non-respect du RGPD local ou des normes en matière de données personnelles
Conformité	Aucun audit cybersécurité réalisé depuis plus de 2 ans (voire jamais)	Aucune visibilité sur les vulnérabilités exploitées

Le manque de maturité s'inscrit dans un contexte où :

- Les autorités de tutelle ne disposent pas d'indicateurs de suivi de la cybersécurité ;
- Les budgets alloués à la sécurité informatique sont anecdotiques ;
- Les procédures d'achat public ignorent les exigences de sécurité (aucun critère cyber dans les appels d'offres) ;
- L'utilisation de domaines publics gratuits (Gmail, Yahoo) pour les échanges officiels expose les OIV à des intrusions massives et indétectables.

En comparaison avec des pays comme le Rwanda, le Sénégal ou la Côte d'Ivoire, qui ont mis en place des agences nationales, stratégies cyber, plans sectoriels obligatoires, le Congo accuse un retard significatif. Ces pays ont entamé des évaluations régulières de la maturité des OIV, parfois avec l'appui de partenaires (UE, BAD, Banque Mondiale, etc.) La maturité actuelle des OIV/OIE congolais est insuffisante face aux menaces croissantes. Une action coordonnée, multisectorielle, et volontariste est impérative.

1.2.4. Stratégies et politiques de protection à mettre en œuvre

Dans un contexte de menaces cyber croissantes et de faible maturité structurelle des OIV (Opérateurs d'Importance Vitale) et OIE (Opérateurs d'Importance Essentiel) au Congo, il devient impératif de définir et mettre en œuvre une politique de sécurité cohérente, multisectorielle et soutenue par l'État. Cela suppose des actions à trois niveaux : **stratégique, organisationnel et opérationnel**.

Tableau 23 : Quelques stratégies et politiques de protection à mettre en œuvre

Stratégies et Politiques	Actions
Définition d'une Politique nationale de cybersécurité des infrastructures critiques	• Élaboration d'un cadre réglementaire clair encadrant les obligations de sécurité des OIV/OIE (inspiré du modèle français LPM ou NIS2 européen). • Mise en place d'un registre officiel des OIV et OIE au niveau national, avec des critères sectoriels et une gouvernance centralisée. • Intégration obligatoire de la gestion des risques cyber dans les stratégies nationales de sécurité et de développement
Renforcement institutionnel et coordination intersectorielle	• Création ou consolidation d'une agence nationale spécialisée pour la protection des infrastructures critiques. • Mise en place de Cellules de Sécurité Numérique dans chaque ministère et organisme vital, sous la supervision de l'organe national de cybersécurité. • Développement d'un centre de coordination des incidents cyber (SOC national ou intersectoriel) avec partage d'alertes et d'indicateurs de compromission.
Mise en conformité et audit régulier des OIV/OIE	• Obligation pour chaque OIV/OIE d'élaborer une Politique de Sécurité des Systèmes d'Information (PSSI). • Réalisation obligatoire d'un audit de sécurité tous les deux ans par des prestataires accrédités. • Intégration de clauses de cybersécurité dans les marchés publics et les contrats fournisseurs.
Investissement dans les capacités techniques et humaines	• Mise en place d'un plan de formation obligatoire pour le personnel des OIV/OIE, incluant : ▪ Culture cyber pour les dirigeants ▪ Pratiques sécurisées pour les agents opérationnels ▪ Simulation de crise et gestion d'incident

	• Déploiement d'outils de base (pare-feu, antivirus, SIEM, gestion des identités)
Partenariats et collaboration régionale/ internationale	• Coopération renforcée avec les agences comme l'ANSSI (France), l'ENISA (Europe), l'Union africaine, ou les CSIRT régionaux. • Intégration du Congo aux plateformes de cyber threat intelligence mutualisée (inter-États, africaines, etc.). • Participation aux exercices de simulation de crise et partage de bonnes pratiques.
Sensibilisation et implication des citoyens	• Lancer une campagne nationale de communication sur la cybersécurité, orientée vers les risques liés aux services publics essentiels (eau, santé, télécoms, finances...). • Développement de kits de sensibilisation sectoriels (infographies, guides pratiques, vidéos) à destination des employés, usagers et partenaires des OIV/OIE.

La sécurisation des OIV/OIE ne peut reposer uniquement sur les acteurs eux-mêmes. Elle doit être considérée comme un enjeu de souveraineté et faire l'objet d'une volonté politique forte, associant normes, gouvernance, financement, coordination et implication citoyenne.

L'un des principes fondamentaux de la souveraineté numérique et des Etats modernes est la protection des données personnelles et des infrastructures critiques. Bien que le Congo et plusieurs pays africains fassent face encore à plusieurs défis : gouvernance fragmentée, manque de sensibilisation des décideurs, outils défaillants ou encore le recours à des fournisseurs extérieurs, les menaces constatées sur le continent sont croissantes et doivent être considérée comme des signaux d'alarme mais aussi des leviers d'impulsion et de stratégie.

Les OIV et OIE, du fait de leur rôle vital dans l'économie et la société, doivent faire l'objet d'une politique volontariste et cohérente à même de renforcer la résilience du pays face aux cyberattaques. Investir aujourd'hui dans la cybersécurité de ces entités, c'est protéger demain les fondements même de l'État, la confiance des citoyens et la continuité des services essentiels.

PARTIE III

Perspectives et recommandations

Au terme d'un état des lieux du numérique au Congo et d'une analyse critique des menaces, vulnérabilités et impacts afférents à la cybersécurité, cette troisième et dernière partie vise à formuler des pistes d'action concrètes. Elle s'inscrit dans une logique prospective et stratégique et se donne pour objectif de renforcer la résilience numérique du pays à travers un ensemble de recommandations pratiques et adaptées à la réalité congolaise.

Les trois chapitres qui structurent cette partie mobilisent des leviers essentiels et complémentaires :

- **Le Chapitre 7**, consacré au **renforcement des capacités en cybersécurité**, explore les moyens d'accroître les compétences techniques et organisationnelles du pays. Il aborde notamment les enjeux de formation, de sensibilisation, et de structuration d'un vivier national d'experts capables de faire face aux défis cyber.
- **Le Chapitre 8**, dédié aux **politiques publiques et stratégies nationales**, examine les mécanismes de gouvernance nécessaires à la structuration d'un écosystème cyber cohérent, pérenne et aligné avec les standards internationaux. Il met en lumière le rôle de l'État, des régulateurs et des cadres juridiques dans l'élaboration de réponses institutionnelles solides.
- **Le Chapitre 9**, enfin, met l'accent sur la **culture numérique et la sensibilisation**, deux dimensions transversales mais fondamentales pour ancrer la cybersécurité dans les usages quotidiens, tant au sein de la population que dans les organisations publiques et privées. Ce chapitre insiste sur l'impératif de faire de chaque citoyen un acteur éclairé de la sécurité numérique.

Ces trois chapitres, en lien direct avec les constats établis précédemment, visent à fournir un ensemble cohérent de recommandations opérationnelles pour accompagner le Congo vers une cybersécurité durable, inclusive et souveraine.

Chapitre 1

Renforcement des capacités en cybersécurité

Dans un contexte où les cybermenaces deviennent de plus en plus complexes et fréquentes, la capacité d'un pays à se défendre efficacement repose en grande partie sur la compétence de ses ressources humaines. Le Congo, à l'instar de nombreux pays africains, fait face à un double défi : d'une part, il doit construire une expertise locale en cybersécurité pour faire face aux risques numériques croissants ; d'autre part, il lui faut structurer un écosystème capable de former, attirer et retenir les talents.

Renforcer les capacités en cybersécurité ne signifie pas uniquement former des ingénieurs ou des techniciens. Il s'agit aussi d'intégrer une culture de sécurité numérique à tous les niveaux de la société : dans l'administration, les entreprises, les écoles, les universités, et même au sein de la population générale. Cette dynamique suppose la mise en œuvre d'initiatives concrètes, mais également la levée de plusieurs freins structurels et culturels.

Ce chapitre propose d'abord un état des lieux des initiatives et bonnes pratiques en matière de formation et de développement des compétences, avant d'analyser les obstacles qui freinent leur déploiement. Il se conclut par une série de recommandations opérationnelles visant à accompagner le Congo vers une autonomie stratégique en matière de cybersécurité.

1.1. Quelques initiatives en cours

Plusieurs initiatives, bien que parfois dispersées, témoignent d'une volonté sans cesse croissante du Congo de renforcer les capacités nationales en cybersécurité. Elles émanent tant du secteur public que du secteur privé, avec quelquefois un appui de partenaires internationaux.

À titre d'exemple, depuis quelques années de plus en plus d'universités congolaises et de centres de formation privés principalement commencent à intégrer des modules en cybersécurité dans leurs cursus informatiques. Cependant, ces offres restent limitées en nombre, ne couvrent qu'une partie des compétences requises dans le domaine, et le nombre d'heures attribuées à ces unités d'enseignement est clairement insuffisant.

Le gouvernement congolais a également pris des initiatives — dont la plupart sont encore en cours — manifestant ainsi son engagement à développer l'écosystème cyber du pays. À titre d'exemple, l'Agence de régulation des Postes et des Communications Électroniques (ARPCE) a organisé, le 8 mai 2024, un atelier de sensibilisation à la cybersécurité à l'égard des magistrats congolais. Cet atelier visait à renforcer les capacités du corps judiciaire en matière de cybercriminalité, un domaine encore peu maîtrisé mais essentiel dans l'administration de la justice à l'ère numérique.

Dans la même dynamique :

- En janvier 2024, l'ARPCE a également mené une campagne nationale de vulgarisation des bonnes pratiques de cybersécurité à destination des petites et moyennes entreprises (PME), avec pour objectif de réduire les risques d'attaques sur les structures économiques les plus vulnérables.
- Le ministère des Postes, des Télécommunications et de l'Économie numérique a, quant à lui, lancé en 2023 une série de consultations nationales pour l'élaboration d'un cadre réglementaire sur la sécurité des réseaux et des systèmes d'information, en partenariat avec des experts nationaux et internationaux.
- En 2022, un programme pilote de formation à la cybersécurité à destination des fonctionnaires de l'administration publique a été lancé, en collaboration avec l'Union Africaine et l'UIT. Ce programme visait à initier les cadres administratifs aux notions de protection des données, d'hygiène numérique et de gestion des incidents.
- Enfin, plusieurs projets d'intégration de la cybersécurité dans les programmes scolaires et universitaires sont à l'étude, dans le cadre du Plan National du Numérique "Horizon 2025", qui accorde une place centrale à la sécurité des systèmes dans la transformation numérique du pays.

Bien que l'on note de plus en plus d'initiatives, celles-ci restent insuffisantes, mal structurées et leur impact est difficilement quantifiable.

Des exemples inspirants existent dans la région. Le Rwanda, par exemple, a mis en place une Cyber Security Academy avec des partenaires internationaux, tandis que le Ghana a développé un Centre national de cybersécurité doté d'un département dédié à la formation continue.

Ces initiatives montrent qu'avec une volonté politique claire, des partenariats solides et une planification rigoureuse, il est possible de structurer un écosystème robuste de compétences cyber, même dans un environnement à ressources limitées.

1.2. Enjeux du renforcement des capacités

Le renforcement des capacités en cybersécurité constitue un enjeu stratégique majeur pour le Congo. Il ne s'agit pas uniquement d'une nécessité technique, mais d'un impératif de souveraineté, de sécurité nationale et de développement économique. Dans un contexte de numérisation croissante des services publics, des entreprises et des interactions sociales, l'absence de compétences adaptées expose le pays à des vulnérabilités majeures.

1.2.1. Réduire le déficit des compétences locales

L'un des premiers enjeux réside dans la réduction du déficit de compétences en cybersécurité. Le marché congolais souffre d'un manque criant de professionnels qualifiés capables d'assurer les fonctions critiques liées à la sécurité des systèmes d'information, à la gestion des incidents, à la gouvernance des risques numériques ou encore à la protection des données personnelles. Cette pénurie ralentit la mise en œuvre de politiques de cybersécurité ambitieuses et contraint de nombreuses organisations à sous-traiter ces activités à des structures étrangères, souvent à des coûts élevés.

L'absence de compétences nationales empêche le Congo de garantir de manière autonome la sécurité de ses infrastructures critiques. Une telle dépendance constitue une menace directe à sa souveraineté numérique, notamment en matière de défense, de justice, d'économie ou de santé. Renforcer les capacités internes permettrait d'accroître l'autonomie du pays face aux risques cyber et de mieux contrôler les flux d'informations sensibles.

1.2.2. Protéger les secteurs vitaux (OIV/OIE) :

Le développement de compétences locales en cybersécurité est essentiel pour sécuriser les infrastructures stratégiques, comme les réseaux de télécommunications, les établissements financiers, les structures de santé ou les systèmes énergétiques. Ces secteurs sont de plus en plus connectés et donc exposés à des attaques susceptibles de paralyser tout ou partie du pays. Une main-d'œuvre compétente est indispensable pour anticiper, détecter et répondre efficacement à ces menaces.

1.2.3. Favoriser le développement

L'émergence des compétences à l'échelle nationale peut également favoriser l'innovation locale, stimuler l'entrepreneuriat technologique et attirer des investissements dans les secteurs numériques. Des talents bien formés peuvent créer des start-ups de cybersécurité, fournir des services aux entreprises, et contribuer à l'exportation de solutions locales. À long terme, cela renforce la compétitivité du Congo dans l'économie numérique régionale.

Enfin, la montée en compétence des acteurs publics, privés et de l'ensemble des citoyens en matière de cybersécurité participe à la consolidation d'un climat de confiance dans les usages numériques. Cette confiance est un prérequis à l'adoption massive des services en ligne, à la transformation numérique de l'administration et à la modernisation des services de base. Un pays où les individus, les entreprises et les institutions ont confiance dans la sécurité de leurs données est un pays plus apte à tirer profit de l'économie numérique.

1.3. Recommandations pour renforcer les capacités

Face aux constats établis, il est impératif de mettre en œuvre une stratégie cohérente et ambitieuse de renforcement des capacités en cybersécurité. Les recommandations suivantes visent à répondre aux besoins identifiés et à créer un écosystème robuste, inclusif et durable.

1.3.1. Développer une offre de formation à l'échelle nationale

Le premier levier consiste à étoffer et structurer l'offre de formation en cybersécurité sur l'ensemble du territoire :

- Intégrer des modules de cybersécurité dans les cursus académiques dès le secondaire et à tous les niveaux de l'enseignement supérieur.
- Créer des filières spécialisées (licences, masters, diplômes universitaires) en collaboration avec les institutions internationales.
- Renforcer les compétences des enseignants par des formations continues et des partenariats internationaux.
- Encourager les centres de formation professionnelle à proposer des parcours certifiants adaptés aux besoins du marché et promouvoir le développement de formations certifiantes de référence, conformes aux besoins du marché et aux normes internationales en cybersécurité (CEH, CISSP, ISO 27xxx, etc.).

Le second levier consisterait à accompagner la montée en compétence des agents publics et des professionnels du privé :

- Instaurer des plans de formation réguliers au sein des administrations.
- Développer des plateformes nationales de e-learning spécialisées en management de la sécurité de l'information, la protection des données, et la cybersécurité.
- Organiser régulièrement des ateliers pratiques, des simulations de crise, des cyber exercices afin de promouvoir la culture de résilience

1.3.2. Encourager la recherche et structurer l'écosystème :

La recherche appliquée en cybersécurité doit être valorisée pour anticiper les menaces émergentes :

- Créer un fonds national de recherche en cybersécurité et instaurer des Labels national de certifications pour les entreprises
- Soutenir les laboratoires universitaires travaillant sur les thématiques liées à la sécurité des systèmes et favoriser la publication scientifique locale sur les enjeux cyber congolais et africains
- Lancer des challenges étudiants et des concours d'innovation (hackathons, capture the flag) et mettre en place un réseau national d'experts et une communauté de professionnels en cybersécurité.
- Renforcer le rôle de l'ANSSI comme coordinateur national des initiatives cyber.
- Encourager les coopérations entre universités, entreprises, administrations et ONG.

1.3.3. Promouvoir les partenariats et sensibiliser les populations :

Le développement des capacités nationales passe aussi par l'ouverture à l'international :

- Nouer des partenariats avec les centres d'excellence africains (ex. Rwanda Cyber Academy, Ghana National Cybersecurity Centre, ..).
- Profiter des programmes de l'Union africaine, de l'UIT, de la BAD, … pour accéder à l'expertise et aux financements.
- Participer activement aux réseaux régionaux de réponse aux incidents (CERTs).

Enfin, le développement des capacités ne peut se faire sans la sensibilisation des populations :

- Créer des outils pédagogiques adaptés aux différents publics (bandes dessinées, vidéos, podcasts).
- Intégrer la sécurité numérique dans les programmes scolaires de base.
- Veiller à une inclusion effective des femmes, des jeunes et des populations rurales dans les dispositifs de sensibilisation et de formation.

Chapitre 2

Politiques publiques et stratégies nationales

La cybersécurité est aujourd'hui un impératif stratégique pour les États, à la croisée des enjeux de souveraineté, de développement économique et de sécurité nationale. En République du Congo, l'essor du numérique – porté par la digitalisation des services publics, la dématérialisation des démarches administratives et l'interconnexion croissante des systèmes d'information – a considérablement accru la surface d'exposition aux cybermenaces.

Pourtant, le cadre institutionnel, législatif et stratégique mis en place pour encadrer cette transformation numérique reste largement insuffisant face à la sophistication croissante des risques. Le **Global Cybersecurity Index 2024**, publié par l'Union Internationale des Télécommunications, classe le Congo parmi les pays les moins avancés en matière de cybersécurité, avec un **score de 27,61/100**. Ce classement peu flatteur met en évidence des faiblesses à la fois structurelles, opérationnelles et stratégiques.

D'abord, la gouvernance de la cybersécurité est encore à un stade embryonnaire. L'Agence Nationale de la Sécurité des Systèmes d'Information (ANSSI), pourtant créée en octobre 2019 est encore en phase d'opérationnalisation et ne dispose pas, à ce stade, des ressources ni de l'autorité nécessaires pour exercer un leadership effectif.

Ensuite, le cadre législatif présente d'importantes lacunes. Bien que le Congo se soit doté d'une Commission Nationale pour la Protection des Données à Caractère Personnel (CNPDCP), les dispositifs légaux en matière de cybersécurité, de cybercriminalité et de preuve électronique restent incomplets, parfois obsolètes, et rarement appliqués. L'absence d'une loi-cadre sur la cybersécurité freine l'harmonisation des pratiques, la conformité des opérateurs critiques et l'engagement des partenaires internationaux.

Enfin, le Congo ne dispose à ce jour d'aucune stratégie nationale de cybersécurité formellement adoptée. Cette absence constitue une faiblesse majeure au moment où les services numériques se multiplient, les données personnelles circulent massivement, et les systèmes critiques (énergie, télécoms, finances, santé) deviennent des cibles potentielles. L'absence de vision stratégique empêche le pays de planifier des investissements, de structurer une gouvernance cohérente et de dialoguer efficacement avec les partenaires techniques internationaux.

Dans ce contexte, le présent chapitre analyse de manière critique les politiques publiques existantes, identifie les limites institutionnelles, législatives et stratégiques du dispositif congolais de cybersécurité, et propose des pistes concrètes pour engager une réforme structurelle ambitieuse, adaptée aux réalités du pays et alignée sur les standards internationaux.

1.1. Cadres Institutionnels et Gouvernance

La gouvernance de la cybersécurité en République du Congo est en phase de consolidation. Face à l'amplification des risques numériques et aux exigences de résilience nationale, les autorités ont initié des réformes structurelles, dont la mise en place d'une gouvernance centralisée et spécialisée.

1.1.1. Acteurs institutionnels existants

Bien que ce point soit largement développé dans le chapitre 2, il est important de rappeler que les principaux acteurs institutionnels sont :

- Ministère des Postes, des Télécommunications et de l'Économie numérique : autorité de tutelle du numérique, chargé de la stratégie sectorielle.
- Agence de Régulation des Postes et Communications Électroniques (ARPCE) : régule le secteur des communications électroniques, mais n'a pas de rôle direct dans la coordination des missions de cybersécurité, cependant en tant que régulateur d'un secteur qualifié d'OIV celle-ci devrait travailler avec l'ANSSI afin d'élaborer, un cadre sécuritaire d'exigence cyber sécuritaire pour les opérateurs postaux et de télécommunications.

- Forces de sécurité (police judiciaire, gendarmerie, services de renseignement) qui interviennent principalement sur les aspects répressifs et de lutte contre la cybercriminalité.
- Agence nationale de la sécurité des systèmes d'information (ANSSI) : structure en cours d'opérationnalisation, elle est appelée à devenir le pilier central de l'architecture nationale de cybersécurité.
- Commission Nationale pour la Protection des Données à Caractère Personnel (CNPDCP) : créée en mars 2025 et en cours d'opérationnalisation, la CNPDCP est une autorité indépendante chargée de faire respecter les droits relatifs aux données personnelles. Elle joue un rôle central dans la régulation de la vie privée numérique, la conformité des traitements de données, et la sensibilisation des acteurs publics et privés à la sécurité des informations personnelles.

1.1.2. Limites de la gouvernance actuelle :

Malgré l'existence de plusieurs institutions impliquées dans la cybersécurité, la gouvernance actuelle au Congo demeure fragmentée et inopérante. Il n'existe pas encore de cadre unifié permettant d'orchestrer l'ensemble des actions, des responsabilités et des priorités liées à la sécurité des systèmes d'information. Chaque entité agit selon son mandat propre, souvent sans coordination ni mécanisme de partage d'informations entre les parties prenantes. Ce cloisonnement nuit à l'efficacité globale de la réponse nationale face aux cybermenaces, qui exigent au contraire une approche transversale, rapide et cohérente.

L'Agence nationale de la sécurité des systèmes d'information (ANSSI), bien qu'officiellement créée, n'est pas encore opérationnelle. Elle ne dispose pas de ressources humaines qualifiées en nombre suffisant, ni d'une infrastructure technique adaptée à ses futures missions. De plus, l'agence n'a pas encore établi son plan stratégique d'opérationnalisation, pourtant indispensable pour organiser son déploiement progressif sur un horizon de trois à cinq ans. Sans cette feuille de route, elle ne peut remplir son rôle de coordination nationale ni piloter la mise en œuvre d'un système de cybersécurité cohérent.

Par ailleurs, le pays ne dispose pas encore d'un Centre national de réponse aux incidents (CERT). Cette absence est particulièrement problématique dans un contexte où les cyberattaques deviennent de plus en plus fréquentes et ciblées. Sans structure dédiée à la détection, à l'analyse et à la coordination des réponses aux incidents, les institutions et entreprises congolaises restent désarmées face aux événements cybernétiques, et aucune base de données nationale sur les menaces ou les incidents n'est maintenue.

Enfin, la gouvernance actuelle reste excessivement centrée sur les institutions publiques. Les acteurs non étatiques – entreprises technologiques, banques, fournisseurs de services critiques, universitaires, experts, ONG – sont très peu associés aux réflexions stratégiques, alors qu'ils sont en première ligne dans la gestion concrète des risques numériques. L'absence de dispositifs de concertation ou de gouvernance multipartite empêche le développement d'une culture partagée de la cybersécurité et limite l'adhésion des opérateurs privés aux normes de sécurité.

Face à ces limites, il devient urgent de refondre la gouvernance nationale de la cybersécurité sur des bases plus inclusives, intersectorielles et stratégiquement pilotées, si le Congo veut réduire son exposition aux risques cyber et se hisser aux mêmes niveaux que les standards internationaux.

1.1.3. Recommandations pour une gouvernance efficace

Pour remédier aux faiblesses structurelles actuelles et construire une gouvernance cyber sécuritaire cohérente et durable, plusieurs mesures prioritaires s'imposent.

Premièrement, il est impératif d'accélérer **l'opérationnalisation de l'ANSSI.** Cette agence, appelée à devenir le pilier central de la cybersécurité nationale, doit disposer d'un cadre juridique clair, de compétences techniques spécialisées, et d'un budget autonome. L'élaboration d'un plan stratégique d'opérationnalisation sur un horizon de 3 à 5 ans est essentielle. Ce plan devra définir les objectifs à atteindre, les moyens à mobiliser, les phases de montée en charge, ainsi que les indicateurs d'évaluation des performances. Ce plan stratégique pourrait s'appuyer sur les principaux piliers de développement suivant :

- **Pilier 1 : Gouvernance et coordination institutionnelle**

  Objectif : Structurer l'ANSSI comme autorité publique fonctionnelle, avec des moyens humains, matériels et organisationnels adaptés à ses missions.

- **Pilier 2 : Cadre juridique et réglementaire**

  Objectif : Établir un cadre légal cohérent, moderne et applicable, couvrant la cybersécurité, la gestion des incidents, la protection des infrastructures critiques et la conformité, tout en s'alignant sur les normes internationales.

- **Pilier 3 : gestion des risques et protection des infrastructures critiques**

  Objectif : Identifier, cartographier et encadrer les risques cyber nationaux, notamment au niveau des OIV, en mettant en place des exigences de sécurité, des audits réguliers et des mécanismes de résilience.

- **Pilier 4 : Renforcement des capacités nationales**

  Objectif : Développer un vivier de compétences locales en cybersécurité par la formation, la certification, la création de centres spécialisés, et la sensibilisation de l'ensemble des acteurs publics et privés.

- **Pilier 5 : Détection, réponse et gestion des incidents**

  Objectif : Mettre en place un CERT national capable de surveiller, détecter et gérer efficacement les incidents cyber, tout en coordonnant la réponse nationale et en organisant des exercices réguliers.

- **Piliers 6 : Coopération régionale et internationale**

  Objectif : renforcer la présence et l'intégration du Congo dans les initiatives de coopération cyber à l'échelle régionale et internationale, afin de mutualiser les ressources et les bonnes pratiques.

- **Piliers 7 : Promotion de la culture de cybersécurité**

  Objectif : créer une culture cyber inclusive et durable au sein de la société à travers des campagnes de sensibilisation, des actions éducatives et la promotion de l'innovation locale.

Tableau 24 : Présentation des Piliers stratégiques

Piliers	Description
Piliers 1 : Gouvernance et coordination institutionnelle	Une stratégie efficace doit s'appuyer sur une gouvernance claire, centralisée autour d'une institution dotée de l'autorité, des moyens et de la légitimité nécessaires pour piloter la cybersécurité nationale. Au Congo, ce rôle revient naturellement à l'ANSSI, qui devra agir comme chef d'orchestre de l'écosystème cyber, en lien avec les autres institutions publiques, les opérateurs critiques, les autorités indépendantes et les acteurs non étatiques. La création d'un Conseil national de cybersécurité multipartite pourrait renforcer cette coordination.
Piliers 2 : Cadre juridique et réglementaire	La mise en place d'un cadre légal cohérent, à jour et applicable est un levier central de la cybersécurité. Cela implique l'adoption d'une loi-cadre sur la cybersécurité, l'intégration de dispositions spécifiques sur la protection des infrastructures critiques, la gestion des incidents, la preuve numérique, ainsi que la création d'un régime de conformité et de sanctions. L'harmonisation avec les normes régionales et internationales est également indispensable pour faciliter la coopération et renforcer la légitimité du dispositif national.
Piliers 3 : gestion des risques et protection des infrastructures critiques	La stratégie devra prévoir une cartographie nationale des risques et une classification des opérateurs d'importance vitale (OIV), accompagnée d'un dispositif de contrôles et d'exigences de sécurité minimales. L'identification des vulnérabilités sectorielles (énergie, télécoms, santé, finances, etc.) et la mise en place de mécanismes d'audit,

	de contrôle et de résilience devront constituer une priorité, avec l'appui de l'ANSSI et du futur CERT national.
Piliers 4 : Renforcement des capacités nationales	Le déficit de compétences techniques en cybersécurité est un défi majeur pour le Congo. Il sera impératif de développer un écosystème local de compétences à travers : ▪ la formation initiale et continue dans les universités et écoles techniques ; ▪ la mise en place de programmes de certification ; ▪ la création d'un centre national de formation en cybersécurité ; ▪ la sensibilisation des décideurs et des citoyens aux bonnes pratiques de sécurité numérique.
Piliers 5 : Détection, réponse et gestion des incidents	La création d'un Centre national de réponse aux incidents (CERT), sous la coordination de l'ANSSI, constitue un pilier technique de la stratégie. Il devra être doté d'une capacité de veille permanente, d'outils de surveillance, d'une plateforme d'alerte et d'un réseau de points focaux dans les secteurs critiques. Le CERT devra aussi coordonner la réponse nationale en cas d'incident majeur et animer des exercices réguliers de simulation de crise (cyber drills).
Piliers 6 : Coopération régionale et internationale	La cybersécurité est un enjeu global. La stratégie nationale devra intégrer un volet de diplomatie numérique, visant à renforcer la coopération avec les organisations régionales (CEEAC, Union Africaine, Smart Africa), les partenaires internationaux (UIT, ONUDC, Interpol), et les réseaux spécialisés (AFRICACERT, FIRST, OIC-CERT, etc.). Cette coopération est essentielle pour bénéficier de retours

	d'expérience, d'assistance technique et de capacités partagées.
Piliers 7 : Promotion de la culture de cybersécurité	Enfin, une stratégie nationale ne peut réussir sans l'adhésion de l'ensemble des citoyens et des acteurs économiques. Il est donc crucial de développer une **culture nationale de la cybersécurité** à travers des campagnes de sensibilisation, des journées nationales dédiées, la création de clubs cyber dans les établissements scolaires, et l'encouragement à l'innovation locale en matière de sécurité numérique (hackathons, incubateurs, challenges).

Chaque pilier sera décliné en actions ou chantiers opérationnels, définis à partir des objectifs stratégiques fixés. Ces déclinaisons permettront de planifier les activités concrètes de l'agence, d'en mesurer les résultats et de garantir une mise en œuvre progressive, structurée et alignée sur les besoins nationaux.

Deuxièmement, la création d'un Centre national de réponse aux incidents de cybersécurité (CERT) sous l'autorité de l'ANSSI constitue une urgence. Cette structure devra assurer la veille, la détection, la coordination et la gestion des incidents cyber au niveau national. Elle jouera également un rôle de sensibilisation auprès des opérateurs publics et privés, facilitera le partage d'informations techniques, et pourra représenter le pays dans les réseaux internationaux de gestion d'incidents (FIRST, OIC-CERT, etc.).

Troisièmement, il est nécessaire d'instaurer une instance de gouvernance multipartite, comme un Conseil national de cybersécurité piloté par l'ANSSI, ce conseil permettra d'assurer la coordination entre les différents ministères concernés (télécommunications, sécurité intérieure, justice, défense, finances), les autorités indépendantes (CNPDCP, ARPCE), les opérateurs d'importance vitale, les experts techniques, les chercheurs et la société civile. Ce Conseil devra se réunir régulièrement pour orienter les priorités stratégiques, suivre la mise en œuvre des actions nationales, et favoriser la concertation.

Enfin, il convient d'intégrer la cybersécurité dans toutes les politiques publiques liées au numérique, notamment dans les projets e-gouvernement, santé, éducation, finances, énergie, infrastructures critiques, etc. Une telle approche transversale permettra de diffuser une culture de la sécurité dans l'ensemble des services de l'État et chez les partenaires privés, et de renforcer la résilience globale du pays.

En résumé, seule une gouvernance structurée, centralisée autour d'un acteur technique fort comme l'ANSSI, mais nourrie par une dynamique collective et intersectorielle, pourra doter la République du Congo d'un socle institutionnel solide pour faire face aux défis de la cybersécurité.

1.2. Cadres Législatifs et réglementaires

Le cadre juridique constitue l'un des socles fondamentaux d'une stratégie nationale de cybersécurité efficace. Il définit les droits, les devoirs, les responsabilités et les sanctions, tout en encadrant l'action des acteurs publics et privés dans le cyberespace. En République du Congo, si quelques avancées ont été enregistrées ces dernières années, le cadre législatif reste encore largement incomplet, morcelé et inadapté à la complexité des menaces numériques.

1.2.1. Un cadre partiel et non harmonisé

À ce jour, le Congo dispose d'un cadre sur la cybersécurité, cependant celui-ci souffre de plusieurs lacunes, qu'il est impératif de corriger pour définir une vision nationale cohérente. Cette correction peut se traduire par la définition d'un document stratégique national qui permettrait de réviser les textes, d'attribuer les compétences, fixer les exigences de sécurité, encadrer les obligations des opérateurs d'importance vitale (OIV), et préciser les responsabilités en cas d'incident. Il est important de préciser que le vide législatif laisse les institutions publiques, les entreprises et les citoyens sans repères normatifs clairs pour se protéger ou pour faire valoir leurs droits.

Bien que certains textes législatifs sectoriels ou sous-régionaux fassent référence à des aspects de la cybersécurité — tels que la loi sur les communications électroniques, le Code pénal congolais, ou encore des règlements spécifiques comme le Règlement COBAC R-2024/01 pour le secteur bancaire ou le Règlement CIMA n°010/24 pour le secteur des assurances — ces dispositions restent fragmentaires, ponctuelles et insuffisamment articulées. Leur portée est souvent limitée à des exigences techniques ou à des obligations spécifiques dans des secteurs précis, sans s'inscrire dans une vision transversale de cybersécurité nationale.

En outre, la fréquence de mise à jour de ces textes ne suit pas le rythme rapide de l'évolution des menaces numériques, et leur application effective demeure marginale, en l'absence de mécanismes clairs de contrôle, de sanctions ou de coordination.

1.2.2. Données personnelles : un cadre en construction

La création en 2025 de la Commission Nationale pour la Protection des Données à Caractère Personnel (CNPDCP) constitue une avancée majeure. Autorité administrative indépendante, la CNPDCP est chargée de faire respecter les droits liés à la vie privée numérique et de garantir la conformité des traitements de données, tant dans le secteur public que privé.

Cependant, la loi encadrant la protection des données personnelles, bien qu'existante et datant d'octobre 2019, nécessite une mise à jour substantielle pour intégrer les nouveaux usages numériques (intelligence artificielle, biométrie, cloud computing, etc.) et pour se conformer aux standards internationaux tels que le RGPD européen ou la Convention 108+ du Conseil de l'Europe.

1.2.3. Absence de mécanismes de conformité et de sanctions spécifiques

En l'absence de cadre sur la cybersécurité, le Congo ne dispose pas non plus de mécanismes de contrôle et de conformité propres aux systèmes d'information. Il n'existe pas de schéma de certification des prestataires de cybersécurité, ni d'obligation légale pour les OIV/OIE de notifier les incidents de sécurité ou de se soumettre à des audits.

De même, la preuve électronique, pourtant centrale dans la lutte contre la cybercriminalité et dans la protection juridique des victimes, ne bénéficie pas d'un statut juridique bien défini. Cela affaiblit l'action des forces de l'ordre, fragilise les enquêtes judiciaires et limite la capacité de réponse de l'État.

1.3. États des lieux de la stratégie nationale

À ce jour, la République du Congo ne dispose d'aucune stratégie nationale de cybersécurité formellement adoptée ou en cours d'élaboration. Cette absence constitue un manque structurel majeur, à la fois sur le plan de la planification, de la coordination et de la souveraineté numérique. Dans un environnement régional et international où la plupart des États ont déjà défini des cadres stratégiques pour faire face à la montée des cybermenaces, le Congo reste en retrait, exposant ses institutions, ses infrastructures critiques et ses citoyens à de multiples risques.

Une stratégie nationale de cybersécurité (SNC) a pour vocation de définir une vision d'ensemble, des objectifs clairs, des priorités sectorielles, ainsi que les moyens de mise en œuvre et d'évaluation d'une politique publique de protection du cyberespace national. Elle constitue également un outil de mobilisation, de coordination interinstitutionnelle, et de dialogue avec les partenaires techniques et financiers. L'absence d'un tel document empêche aujourd'hui toute planification rigoureuse, freine l'investissement dans les infrastructures de sécurité, et compromet l'émergence d'une gouvernance cyber structurée.

Par ailleurs, l'absence de stratégie nuit à la lisibilité des priorités nationales auprès des acteurs internationaux (Union africaine, UIT, bailleurs de fonds), qui peinent à identifier des interlocuteurs, des cadres de coopération ou des axes d'intervention clairs. Elle limite également la capacité du pays à s'intégrer dans les mécanismes régionaux de cybersécurité (comme le Réseau africain des CERT, les plateformes Smart Africa, ou les engagements liés à la Convention de Malabo).

La situation actuelle se caractérise par une approche fragmentée, réactive et non concertée. Les quelques initiatives mises en œuvre en matière de cybersécurité (sensibilisation ponctuelle, formation, projets pilotes dans certains ministères) ne s'inscrivent dans aucun plan directeur national. Elles dépendent souvent de la volonté individuelle d'acteurs ou de l'opportunité de financements extérieurs, sans coordination centrale ni évaluation d'impact.

Enfin, l'absence de stratégie empêche la définition de responsabilités claires entre institutions, la priorisation des investissements (notamment dans les secteurs critiques), et la mise en place de mécanismes de suivi et d'évaluation. Elle contribue à maintenir la cybersécurité dans une posture passive, alors que les menaces deviennent chaque jour plus complexes, transnationales et sophistiquées.

En résumé, la République du Congo accuse un retard stratégique préoccupant en matière de cybersécurité. L'élaboration urgente d'une stratégie nationale ambitieuse, inclusive et alignée sur les standards internationaux apparaît comme une priorité absolue pour renforcer la résilience numérique du pays, sécuriser ses infrastructures et restaurer la confiance des acteurs publics, privés et des citoyens dans l'usage des technologies.

1.4. Domaines d'action stratégiques

En l'absence actuelle d'une stratégie nationale de cybersécurité, il est essentiel d'identifier les domaines prioritaires sur lesquels devrait reposer toute future stratégie pour garantir la cohérence, l'efficacité et la soutenabilité des politiques publiques en matière de sécurité numérique. Ces domaines d'action, généralement reconnus comme piliers fondamentaux dans les référentiels internationaux (UIT, Convention de Malabo, Global Cybersecurity Agenda), permettent de structurer l'intervention de l'État autour d'une approche globale, progressive et alignée avec les enjeux contemporains.

En s'appuyant sur les lignes directrices développées par l'**Union Internationale des Télécommunications (UIT)** dans son **« Guide pour l'élaboration d'une stratégie nationale de cybersécurité – 2e**

édition », plusieurs piliers stratégiques prioritaires peuvent être identifiés pour construire une approche intégrée et durable. Ces piliers constituent des axes de travail incontournables dans la conception d'une future stratégie nationale au Congo.

1.5. Recommandations stratégiques

Au regard des lacunes identifiées dans les sections précédentes – à savoir l'absence de stratégie nationale, l'opérationnalisation inachevée de l'ANSSI, les carences du cadre juridique, et la fragmentation de la gouvernance – il est urgent pour la République du Congo d'initier une réforme d'ensemble de son dispositif national de cybersécurité. Cette réforme devra s'inscrire dans une logique de transformation progressive mais structurée, à travers une série de recommandations stratégiques alignées sur les bonnes pratiques internationales, en particulier celles formulées dans le **Guide de l'UIT pour l'élaboration d'une stratégie nationale de cybersécurité – 2e édition**.

Tableau 25 : Présentation de quelques recommandations stratégiques

Recommandation	Description
Élaborer et adopter une stratégie nationale de cybersécurité	Le Congo doit en priorité engager un processus institutionnel formel visant à élaborer, valider et adopter une Stratégie Nationale de Cybersécurité (SNC). Ce processus devra suivre les cinq phases proposées par l'UIT : lancement, évaluation de l'état des lieux, définition des objectifs, rédaction et validation, puis mise en œuvre. Il devra être inclusif, en impliquant l'ensemble des parties prenantes (public, privé, société civile, experts, universités) et se fonder sur une approche basée sur les risques.
Accélérer l'opérationnalisation complète de l'ANSSI	L'ANSSI doit devenir l'autorité centrale de cybersécurité du pays, avec un mandat clair, des compétences définies par un cadre légal robuste, un budget stable et une autonomie fonctionnelle. Elle devra mettre en œuvre un plan stratégique de développement sur 3 à 5 ans, décliné en piliers et

	en chantiers opérationnels, comme précisé dans la section 8.2.3. Ce plan devra inclure la montée en charge de ses ressources humaines, la mise en place de ses outils techniques, ainsi que ses activités de normalisation, d'audit, de coordination et de conseil auprès des institutions.
Créer et déployer un CERT national	La mise en place d'un Centre national de réponse aux incidents (CERT) est une mesure structurante. Ce centre devra être placé sous l'autorité de l'ANSSI et disposer d'une infrastructure de veille, de détection et d'analyse des menaces. Il devra également développer une capacité d'alerte, de coordination de la réponse, de communication de crise, et représenter le Congo dans les réseaux régionaux et internationaux de CERTs.
Doter le pays d'un cadre juridique et réglementaire complet	L'adoption d'une loi-cadre sur la cybersécurité est incontournable. Cette loi devra définir les obligations des acteurs publics et privés, encadrer la gestion des incidents, organiser la certification et la conformité, et attribuer les responsabilités en cas de manquement. En parallèle, le renforcement des textes existants (protection des données, cybercriminalité, preuve numérique) est nécessaire, ainsi que l'harmonisation avec les conventions régionales et internationales (Malabo, Budapest, etc.).
Construire les capacités humaines et techniques	Le Congo doit investir massivement dans la formation et le développement des compétences en cybersécurité, à travers : • l'intégration de cursus spécialisés dans l'enseignement supérieur ; • la création d'un centre national de formation en cybersécurité ; • la mise en place de programmes de certification ;

	• la formation continue des agents publics, magistrats, forces de sécurité, régulateurs, etc.
Mettre en place une gouvernance multipartite structurée	La création d'un **Conseil national de cybersécurité**, présidé par l'ANSSI et réunissant l'ensemble des parties prenantes clés, est essentielle pour garantir la cohérence, la transparence et la continuité stratégique. Ce conseil devra également jouer un rôle de suivi-évaluation de la stratégie nationale, de priorisation des actions et d'arbitrage en cas de conflit institutionnel.
Intégrer la cybersécurité dans toutes les politiques sectorielles	Il est crucial que les projets numériques nationaux (e-gouvernement, santé, éducation, etc.) soient pensés **"cyber-by-design"**, c'est-à-dire en intégrant la cybersécurité dès leur conception. Cela suppose une culture de sécurité partagée, des exigences minimales définies, et des mécanismes d'évaluation intégrés à chaque politique publique numérique.
Promouvoir une culture nationale de cybersécurité	Enfin, l'État doit promouvoir une culture cyber dans l'ensemble de la société. Cela peut se faire via des campagnes de sensibilisation, des partenariats public-privé pour la sécurité des PME, des initiatives éducatives dans les écoles, et la valorisation de l'innovation locale dans la cybersécurité (hackathons, startups, concours).

En synthèse, ces recommandations forment un socle solide pour initier un changement structurel. Si elles sont mises en œuvre de manière coordonnée, progressive et soutenue politiquement, elles permettront à la République du Congo de rattraper son retard, de renforcer sa résilience numérique, et d'affirmer sa souveraineté dans le cyberespace.

Chapitre 3

Culture numérique et sensibilisation

Dans un monde de plus en plus interconnecté et au Congo particulièrement, la sécurité numérique ne peut reposer uniquement sur des solutions techniques ou des cadres réglementaires. Elle nécessite avant tout une prise de conscience collective, une culture et une hygiène numérique partagée.

La notion d'hygiène numérique dans ce contexte désigne l'ensemble des bonnes pratiques à adopter pour protéger ses informations personnelles, son identité numérique et ses appareils connectés et la culture, quant à elle, englobe les connaissances, les comportements et les pratiques liées à l'usage du numérique. Ces éléments constituent aujourd'hui un pilier fondamental de toute stratégie de cybersécurité durable.

Au Congo, malgré les efforts déployés pour améliorer l'infrastructure et définir des cadres juridiques, la faible sensibilisation des citoyens, des agents publics et des entreprises constitue un facteur aggravant majeur des risques numériques. Le manque de formation, la méconnaissance des cybermenaces, l'absence de réflexes de protection des données personnelles ou encore l'usage non maîtrisé des outils numériques exposent tous les acteurs à des vulnérabilités encore évitables.

Ce chapitre propose d'analyser l'état de la culture numérique au Congo, de mettre en lumière les initiatives existantes, d'identifier les lacunes, et de formuler des recommandations pour renforcer la sensibilisation à grande échelle. Car une cybersécurité nationale commence d'abord par une cyberculture citoyenne.

1.1. Définition et enjeux de la culture numérique

La culture numérique désigne l'ensemble des savoirs, compétences, pratiques et comportements liés à l'usage des technologies de l'information et de la communication (TIC). Elle ne se limite pas à l'utilisation technique des outils informatiques, mais intègre aussi :

- la compréhension des enjeux éthiques, sociaux et économiques liés au numérique,
- la capacité à adopter des comportements responsables et sécurisés en ligne,
- l'esprit critique face à l'information numérique (désinformation, sources fiables, etc.).

Elle inclut donc plusieurs dimensions :

- Technique : savoir utiliser un ordinateur, un smartphone, un logiciel, une application.
- Cognitive : comprendre comment les outils fonctionnent, comment circulent les données.
- Éthique : respecter la vie privée, les droits d'auteur, éviter les comportements toxiques en ligne.
- Citoyenne : se protéger contre les cybermenaces, participer activement à la vie numérique du pays.

La montée en puissance du numérique dans tous les secteurs – éducation, santé, finance, sécurité, Energie, administration – fait de la culture numérique un levier stratégique de développement et de protection de la société congolaise. Ses enjeux sont multiples :

Tableau 26 : Présentation des enjeux liés à la culture du numérique

Enjeux	Description
Enjeux économiques	Les enjeux économiques sont diverses et variées, ceux-ci reflètent les opportunités d'une nation vis-à-vis de son développement, nous pouvons citer : • L'insertion professionnelle : Une population numériquement instruite est mieux préparée à s'insérer dans l'économie numérique. • L'éducation numérique : La maîtrise des outils numériques favorise l'innovation, la productivité et l'entrepreneuriat. • La bancarisation : Elle permet également une meilleure bancarisation, le développement de services en ligne, et l'émergence d'une économie digitale locale.
Enjeux de sécurité	Les enjeux de sécurité quant à eux, représentent la clé d'un environnement numérique plus sur et résilient, en effet : • Un usager peu informé est une cible facile pour les cybercriminels (hameçonnage, escroqueries, ransomware, etc.) • Une bonne culture numérique permet d'adopter des réflexes de protection (vérification des sources, choix de mots de passe robustes, sauvegarde des données, etc.). • Au niveau national, renforcer la culture numérique contribue à la résilience collective face aux cyberattaques et prépare les populations à mieux identifier les cybermenaces.
Enjeux sociaux et éducatifs	Les enjeux sociaux et éducatifs peuvent quant à eux se manifester de la façon suivante : • Réduire la fracture numérique permet de lutter contre les inégalités d'accès à l'information, à la formation et aux opportunités professionnelles. • Elle favorise la participation citoyenne et démocratique à travers les services numériques de l'État.

	• Une culture numérique forte permet d'éduquer à l'usage critique des réseaux sociaux et à la prévention des dérives (harcèlement, fake news…).
Enjeux culturels	La culture numérique contribue à l'affirmation d'une identité numérique congolaise, à travers l'usage de langues locales, la production de contenus endogènes et la souveraineté informationnelle. Le numérique est aussi un outil de valorisation du patrimoine culturel, de production de contenus locaux et de création artistique.

1.2. Etat des lieux au Congo

Le Congo a amorcé depuis plusieurs années une transition vers le numérique, soutenue par des initiatives publiques et privées (comme le Plan National du Numérique ou la création de l'Agence de Développement de l'Économie Numérique). Toutefois, cette transition reste marquée par de fortes disparités, notamment entre zones urbaines et rurales, entre jeunes et adultes, ou encore entre personnes scolarisées et non scolarisées.

- **Accès à Internet** : selon les données les plus récentes, la population congolaise aurait accès à Internet, avec une concentration dans les grandes villes comme Brazzaville et Pointe-Noire.
    - Nombre d'internautes : 1,33 million de personnes utilisaient Internet au début de 2023, ce qui représente environ 22 % de la population.

      Source :https://datareportal.com/reports/digital-2023-republic-of-the-congo
    - Abonnements à l'Internet mobile : Le nombre d'abonnements à l'Internet mobile a atteint 3,4 millions en 2023, marquant une augmentation de 61 % par rapport à 2019.
    - Taux de pénétration de l'Internet mobile : Le taux de pénétration de l'Internet mobile s'élevait à 59,7 % en 2023, contre 55,7 % en 2022 et 41,4 % en 2019.

- Part de marché des opérateurs : MTN détenait 67,2 % du marché de l'Internet mobile en 2023, tandis qu'Airtel en détenait 32,8 %.

  Source :https://www.arpce.cg/upload/publications/Rapport%20du%20March%C3%A9_Internet%20mobile_2023_VF.pdf

- **Équipement numérique** : le taux d'équipement en smartphones est en hausse, mais reste encore limité pour les ordinateurs ou les connexions fixes.
- **Utilisation des services numériques** : les services les plus utilisés sont les réseaux sociaux, les services de messagerie et les services de transfert d'argent mobile (comme Airtel Money et MTN Mobile Money). En revanche, l'utilisation des plateformes d'e-gouvernement, d'e-learning ou d'e-commerce reste marginale.

L'un des aspects les plus préoccupants de la culture numérique au Congo est la faible sensibilisation aux risques numériques :

- Beaucoup d'utilisateurs ignorent les bonnes pratiques de cybersécurité (mise à jour des appareils, mots de passe robustes, vigilance face aux arnaques en ligne).
- Les campagnes de prévention sont rares, souvent ponctuelles et peu accessibles au grand public.
- La majorité des utilisateurs ne perçoit pas encore clairement les liens entre sécurité numérique et sécurité personnelle, professionnelle ou nationale.

L'éducation numérique, pourtant essentielle pour bâtir une culture numérique solide, reste insuffisamment intégrée dans le système éducatif congolais :

- L'informatique est peu enseignée dans les écoles primaires et secondaires, faute de moyens matériels et de formation des enseignants.

- L'enseignement supérieur commence à intégrer les TIC, mais cela reste très hétérogène selon les filières et les institutions.
- Il n'existe pas encore de programme national cohérent de formation continue au numérique pour les adultes et les professionnels.

La fracture numérique se manifeste à plusieurs niveaux :

- **Géographique** : accès inégal à Internet entre les centres urbains et les zones rurales.
- **Économique** : le coût de l'équipement et de la connexion reste un obstacle majeur pour une grande partie de la population.
- **Éducatif** : les populations peu ou pas scolarisées sont largement exclues des usages numériques productifs.
- **Genre** : les femmes et les jeunes filles sont souvent moins exposées au numérique que les hommes, ce qui accentue les inégalités existantes.

Bien que des initiatives soient en cours (centres communautaires numériques, wifi publics, incubateurs de start-up…), la politique d'inclusion numérique reste fragmentée et sans réel déploiement de masse. Il manque une stratégie nationale coordonnée, dotée de financements durables, pour faire de la culture numérique un véritable pilier du développement.

1.3. Rôle de l'éducation et de la formation

Le développement d'une culture numérique solide passe inévitablement par l'éducation et la formation, qui permettent de transmettre les savoirs, savoir-faire et réflexes indispensables à une utilisation responsable, critique et sécurisée du numérique. Au Congo, l'intégration du numérique dans les parcours éducatifs reste encore embryonnaire, malgré les enjeux cruciaux pour l'avenir du pays.

Tableau 27 : Présentation des limites éducatives par niveaux

Niveaux	Description
L'éducation de base : un levier encore sous-exploité	Dans les écoles primaires et secondaires, l'enseignement des compétences numériques est très limité, voire inexistant dans certaines zones : • Faible accès aux ordinateurs et à Internet dans les établissements. • Absence de programmes scolaires intégrant l'éducation aux médias numériques, à la citoyenneté numérique ou à la cybersécurité. • Manque d'enseignants formés à l'usage pédagogique des technologies de l'information et de la communication (TIC). Pourtant, c'est dès le plus jeune âge que les bases d'une culture numérique responsable devraient être posées : notions d'hygiène numérique, d'esprit critique face à l'information en ligne, ou encore d'usages éthiques des technologies.
L'enseignement supérieur et technique : un potentiel à structurer	Le niveau supérieur offre d'avantage d'opportunités pour l'apprentissage du numérique, en particulier dans les domaines techniques et scientifiques. Cependant : • L'offre reste concentrée dans quelques établissements à Brazzaville et Pointe-Noire. • Les infrastructures informatiques sont souvent obsolètes ou insuffisantes. • Les programmes de formation ne sont pas encore pleinement adaptés aux besoins du marché, notamment en matière de cybersécurité, data science ou transformation digitale. Il serait stratégique d'accélérer la création de filières numériques professionnalisantes, accessibles à un plus grand nombre d'étudiants, y compris en région.
Formation continue et requalification numérique	Face aux mutations du marché du travail, la formation tout au long de la vie est un pilier essentiel pour intégrer les citoyens à l'économie numérique : • Les opportunités de formation continue restent rares, souvent non certifiantes, et peu accessibles financièrement.

	• Les dispositifs publics de soutien à la reconversion professionnelle numérique sont quasi inexistants. • De nombreuses professions, y compris dans la fonction publique, évoluent sans véritable accompagnement à la transition numérique. Des partenariats entre l'État, les entreprises et les ONG pourraient permettre la mise en place de programmes de requalification numérique, en ligne ou en présentiel, notamment pour les jeunes sans emploi, les femmes ou les populations rurales.
Le rôle clé des enseignants et des formateurs	Les enseignants et formateurs sont les vecteurs de la culture numérique, mais ils doivent eux-mêmes être outillés : • Formation initiale et continue aux usages éducatifs des technologies. • Sensibilisation aux enjeux de cybersécurité et d'éthique numérique. • Création d'une communauté éducative numérique nationale, partageant ressources et bonnes pratiques. La reconnaissance de ce rôle stratégique passe aussi par des incitations concrètes, un accompagnement institutionnel et l'amélioration des conditions de travail.
Enjeux transversaux à prendre en compte	• **Langue** : favoriser la production de contenus et de formations en français et pourquoi pas en langues locales. • **Accessibilité** : adapter les formations aux publics en situation de handicap ou d'exclusion sociale. • **Genre** : intégrer la dimension de l'égalité hommes-femmes dans tous les dispositifs éducatifs numériques.

1.4. Campagnes de sensibilisation et initiatives locales

Au-delà du cadre formel de l'éducation, la culture numérique se construit aussi à travers des actions de sensibilisation ciblées, portées par des institutions publiques, des organisations de la société civile, des acteurs privés ou encore des citoyens engagés. Ces initiatives jouent un rôle crucial dans l'acculturation numérique des populations, en particulier celles qui sont en dehors du système scolaire ou professionnel. Les campagnes de sensibilisation sont peu fréquentes dans le contexte congolais, cependant celles-ci ont une forte valeur ajoutée et permettent :

- De vulgariser des concepts techniques auprès du grand public.
- D'alerter sur les risques numériques courants (arnaques, vols de données, cyber harcèlement, etc.).
- D'encourager des comportements responsables et sécurisés dans les usages quotidiens (réseaux sociaux, achats en ligne, usage des mots de passe, etc.).
- De lutter contre les fausses informations (fake news) et les manipulations sur Internet.

Elles constituent un levier essentiel pour combler le fossé numérique, notamment dans les zones rurales ou défavorisées.

Tableau 28 : Présentation du cadre de sensibilisation local

Initiatives	Description
Initiatives gouvernementales	Le gouvernement congolais a lancé quelques actions ponctuelles : • Les assises nationales du numérique, organisées le 26 et 27 février 2024 par le ministère des Postes, des télécommunications et de l'économie numérique. • Déclaration du gouvernement à l'occasion de la journée mondiale des télécommunications et de la société de l'information célébrée le 17 mai de chaque année. Cependant, ces initiatives souffrent souvent : • D'une absence de stratégie nationale structurée de sensibilisation. • D'une faible coordination entre les acteurs publics et privés. • D'un manque de suivi sur leur efficacité
Initiatives non gouvernementales	Certaines ONG locales et associations citoyennes ont pris le relais, avec des actions de terrain plus ciblées : • Ateliers d'initiation au numérique pour les femmes et les jeunes. • Campagnes communautaires de sensibilisation, souvent en partenariat avec des bailleurs internationaux. Ces structures jouent un rôle de proximité essentiel, mais elles manquent souvent de soutien institutionnel pour passer à l'échelle supérieure.
Initiatives privées	Quelques entreprises privées organisent des initiatives tel que : • MTN Skills Academy est une initiative de l'opérateur de téléphonie MTN visant à offrir une formation gratuite en compétences numériques et financières à 10 000 jeunes. • En 2024 Airtel Congo œuvre en partenariat avec UNICEF Congo, ont initié le projet de renforcement du système éducatif par l'apprentissage numérique, ce qui permis de former gratuitement 697 jeunes.

	• D'autres initiatives comme Yekolab qui est une organisation à but non lucratif spécialisée dans la promotion des technologies de l'information et de la communication (TIC) et l'incubation des startups....

Pour renforcer l'impact de ces campagnes :

- Il est nécessaire de coordonner les efforts via une plateforme nationale de sensibilisation numérique.
- Adapter les messages et formats au public cible : capsules vidéo, BD, podcasts en langues locales...
- Mettre en place des indicateurs de suivi et d'évaluation de l'impact des campagnes.
- Multiplier les campagnes dans les zones rurales et auprès des populations les plus vulnérables.

1.2. Culture numérique dans les institutions publiques

Le développement d'une culture numérique solide au sein des institutions publiques est un levier stratégique pour la transformation digitale du pays. Les administrations sont non seulement des utilisatrices majeures des technologies numériques, mais aussi de potentiels acteurs inconsciemment malveillants du fait de leur méconnaissance et manque de culture cyber.

Tableau 29 : Présentation des défis de l'administration publique

Défis	Description
L'administration publique face aux défis de la transformation numérique	De nombreuses institutions publiques au Congo ont entamé une transition vers le numérique : digitalisation de certains services, mise en ligne de plateformes de déclaration ou de paiement, etc. Toutefois : • Cette évolution reste partielle, inégalement répartie entre les ministères ou régions. • Elle est souvent conduite sans accompagnement du changement auprès des agents publics. • L'usage des outils numériques s'y fait souvent par contrainte, sans réelle appropriation. La culture numérique dans les administrations ne se limite pas à l'usage d'un ordinateur ou d'un logiciel : elle implique une compréhension des enjeux, une maîtrise des outils, et une adhésion aux valeurs de sécurité, d'éthique et de transparence.
L'administration publique face aux défis Compétences numériques des agents publics	Les agents publics sont confrontés à plusieurs défis : • Faible niveau de maîtrise des outils numériques standards (bureautique, messagerie, internet). • Méconnaissance des bonnes pratiques de cybersécurité (gestion des mots de passe, usage sécurisé des messageries, vigilance face aux tentatives de phishing). • Absence de formation continue adaptée au numérique dans la plupart des fonctions publiques. Certains programmes de formation ont été engagés, mais ils restent trop limités : • Faible couverture nationale. • Manque de contenus contextualisés aux réalités congolaises. • Absence d'évaluation régulière des compétences numériques dans les processus.
L'administration publique face aux défis stratégique du	L'État doit incarner une culture numérique : • En mettant en place des politiques internes de sensibilisation à la cybersécurité et à la déontologie numérique.

fonctionnement des institutions	• En promouvant l'usage des logiciels libres ou souverains, garantissant la maîtrise des données. • En adoptant une gouvernance numérique claire, avec des référents désignés dans chaque administration. • En développant une communication publique moderne et accessible sur les enjeux du numérique. Des actions symboliques et concrètes sont attendues, comme : • La signature électronique dans les démarches administratives. • La généralisation des guichets numériques. • La diffusion de chartes d'usage des outils numériques dans les services publics.
L'administration publique face aux défis de formation	Les universités et écoles publiques, en tant qu institutions étatiques, jouent aussi un rôle déterminant dans la diffusion de la culture numérique : • En formant les futures générations d'agents publics et de décideurs. • En intégrant dans leurs cursus des modules sur la littératie numérique et la cybersécurité. • En développant des plateformes de e-learning pour élargir l'accès à la formation continue.

1.5. Recommandations

Face aux constats dressés sur la faible pénétration de la culture numérique au sein de la société congolaise dans son ensemble et au sein des institutions de l'Etat plus particulièrement, il apparaît urgent de déployer une stratégie cohérente et ambitieuse. Les recommandations ci-dessous visent à renforcer la culture numérique comme levier fondamental du développement et de la cybersécurité nationale.

1.5.1. Élaborer une stratégie nationale

Face aux enjeux croissants liés à la transformation numérique et à la nécessité de renforcer la résilience cyber de la population, il devient impératif pour le Congo de définir et mettre en œuvre une stratégie nationale de développement, cette stratégie devra :

- Définir les politiques publiques spécifiques à la culture numérique, être adossée à la stratégie numérique globale du pays.
- Intégrer les enjeux de cybersécurité, d'inclusion, d'éthique et de souveraineté numérique dans cette stratégie.
- Créer un observatoire de la culture numérique pour suivre l'évolution des usages et mesurer l'impact des actions.

1.5.2. Renforcer l'éducation et la formation tout au long de la vie

Le Congo devra :

- Intégrer l'éducation au numérique dès le primaire, en sensibilisant dès le plus jeune âge aux bons usages, à l'esprit critique face aux contenus numériques, et à la sécurité en ligne.
- Former les enseignants et formateurs aux outils pédagogiques numériques et à la cybersécurité.
- Développer des parcours de formation continue accessibles à tous les publics (fonctionnaires, jeunes diplômés, adultes en reconversion).
- Encourager l'apprentissage hybride (présentiel/distanciel) et les contenus en langues locales pour maximiser l'inclusion.

1.5.3. Encourager les initiatives locales et communautaires

- Soutenir les ONG, associations et jeunes innovateurs qui promeuvent la culture numérique dans les quartiers, les milieux ruraux ou les zones marginalisées.
- Mettre en place des fonds d'innovation dédiés aux projets de sensibilisation numérique.
- Créer des centres communautaires numériques pour favoriser l'accès aux outils et à la formation dans toutes les régions.

1.5.4. Promouvoir la culture numérique dans les institutions publiques

Il devient nécessaire de :

- Former les agents publics aux usages numériques et à la cybersécurité de manière systématique.
- Inscrire la littératie numérique dans les référentiels de compétences des fonctions publiques.
- Mettre en place des chartes numériques internes et désigner des référents ou ambassadeurs du numérique dans chaque administration.

1.5.5. Les médias et les influenceurs comme leviers de sensibilisation

- Lancer des campagnes de communication nationales via la télévision, la radio, les réseaux sociaux et les leaders d'opinion pour sensibiliser aux enjeux du numérique.
- Promouvoir des formats accessibles : vidéos courtes, bandes dessinées, capsules radio, concours numériques, jeux éducatifs, etc.
- Mobiliser des personnalités publiques pour incarner la transformation numérique et stimuler l'engagement citoyen.

1.5.6. Évaluer régulièrement les progrès

- Développer des indicateurs de culture numérique (taux d'équipement, compétences numériques de base, comportements en ligne, etc.).
- Réaliser des enquêtes nationales périodiques pour ajuster les politiques publiques.
- Valoriser les résultats obtenus afin de renforcer l'adhésion collective à la transformation numérique.

Conclusion

Ce livre est né d'une nécessité : celle de donner une voix à la cybersécurité dans le débat sur le développement numérique de la République du Congo. Trop souvent, la technologie est perçue uniquement comme un vecteur de modernité, un levier de croissance économique, ou un outil d'efficacité administrative. Or, comme toute transformation structurelle, la révolution numérique porte en elle des risques, parfois invisibles, qui menacent la sécurité, la souveraineté, la confidentialité, et même la stabilité politique.

À travers ces pages, nous avons exploré l'état des lieux du numérique au Congo, ses infrastructures, ses textes législatifs, et les premiers signes d'adoption des technologies émergentes. Nous avons dressé un constat lucide des enjeux réels de la cybersécurité : attaques croissantes, faiblesse de la culture cyber, vulnérabilités des systèmes critiques, absence de cadre cohérent sur la protection des données personnelles. Enfin, nous avons formulé des recommandations pour un avenir plus sûr et plus souverain.

Le tableau n'est ni alarmiste, ni idéalisé. Il reflète les contradictions d'un pays en mutation : une volonté manifeste de se moderniser, des projets ambitieux comme le Projet de Couverture Nationale (PCN) ou la Stratégie nationale du numérique, mais aussi une fragilité institutionnelle, une dépendance technologique, et un retard dans la gouvernance de la cybersécurité.

Ce que ce livre défend, c'est l'idée que :

- Le développement numérique ne peut exister sans sécurité numérique.
- La souveraineté d'un État aujourd'hui se joue aussi dans sa capacité à protéger ses réseaux, ses données et ses citoyens dans le cyberespace.
- La cybersécurité n'est pas qu'une affaire technique, c'est aussi un projet politique, économique et culturel.

Loin de s'arrêter aux constats, ce travail se veut une base de réflexion et d'action pour les décideurs publics, les acteurs privés, la société civile et le monde académique. Il appelle à une prise de conscience urgente, à une meilleure coordination des efforts, à la création de formations locales spécialisées, et à la construction d'un cadre juridique plus protecteur.

Car le Congo, comme d'autres pays africains, a aujourd'hui l'opportunité unique de ne pas reproduire les erreurs du passé : intégrer la cybersécurité dès la conception de son écosystème numérique, au lieu de tenter de la greffer tardivement. Cela demande de la volonté politique, de l'investissement stratégique, mais aussi un changement de culture.

En terminant ce livre, je souhaiterais que le lecteur y voie un appel à la vigilance, une invitation à l'engagement et un espoir réaliste : celui d'un Congo numérique plus souverain, plus sécurisé et plus résilient. Le cyberespace ne doit pas être une zone grise ou une menace constante. Il peut devenir un levier de développement digne, inclusif et durable.

Bibliographie

Ouvrages et rapports institutionnels

- Union Internationale des Télécommunications (UIT) – Global Cybersecurity Index (GCI) 2023. Disponible sur : https://www.itu.int
- Banque mondiale – Projet PATN : République du Congo – Rapport 2022-2024.
- GSMA Intelligence – Mobile Connectivity Index – Republic of Congo (2023). Disponible sur : https://www.mobileconnectivityindex.com
- Deloitte Afrique – Maturité cybersécurité en Afrique francophone (2021).
- ENISA – Threat Landscape Report 2023. Disponible sur : https://www.enisa.europa.eu/publications
- Union africaine – Convention de Malabo sur la cybersécurité et la protection des données personnelles (2014). Disponible sur : https://au.int/fr/treaties/convention-de-lunion-africaine-sur-la-cybersecurite

Cadres légaux et réglementaires

- Loi n°29-2019 du 10 octobre 2019 relative à la protection des données personnelles – République du Congo.
- Loi n°27-2020 du 3 juillet 2020 relative à la lutte contre la cybercriminalité.
- Loi n°26-2020 du 3 juillet 2020 relative à la cybersécurité.
- Décret n°2020-286 portant publication de la Convention de Malabo.
- Règlement COBAC R-2024/01 relatif à la sécurité des systèmes d'information dans le secteur bancaire.

Ouvrages thématiques internationaux

- Solange Ghernaouti – Cybercriminalité : Comprendre. Prévenir. Réagir, Dunod, 2023.
- Stéphane Astier & Gérard Haas – Guide juridique de la cybersécurité, ENI Éditions, 2024.
- Fadhel Ghajati – La cyber assurance en Tunisie : Les enjeux et les perspectives, Éditions universitaires européennes, 2018.

Articles sectoriels et ressources en ligne

- Cybersecurity Mag Africa – Tendances 2023 de la cybersécurité en Afrique francophone.
- Africtivistes Academy – Technologies émergentes, gouvernance numérique et démocratie.
- Kaspersky Cybermap – Carte des menaces actuelles en Afrique centrale.
- ARPCE – Agence de régulation des postes et communications électroniques.
- FASUCE – Fonds d'accès au service universel des communications électroniques. https://fasuce.cg
- CARIA – Cellule d'appui à la régulation des infrastructures et acteurs numériques. https://caria.cg

Annexes

Listes des tableaux

Listes des Figures

Table des matières

Structures éditoriales du groupe L'Harmattan

L'Harmattan Italie
Via degli Artisti, 15
10124 Torino
harmattan.italia@gmail.com

L'Harmattan Hongrie
Kossuth l. u. 14-16.
1053 Budapest
harmattan@harmattan.hu

L'Harmattan Sénégal
10 VDN SICAP AMITIE 3
BP 45034 Dakar-Fann
direction@senharmattan.com

L'Harmattan Cameroun
Tsinga/Derrière polyclinique FECAFOOT
BP 11486 Yaoundé
Jacques.koukam@harmattan.fr

L'Harmattan Burkina Faso
Villa 281, secteur 23 623, rue 14.32
Ouagadougou
zagbie@outlook.fr

L'Harmattan Guinée
Almamya, rue KA 028 OKB Agency
BP 3470 Conakry
harmattanguinee@yahoo.fr

L'Harmattan RDC
185, avenue Nyangwe
Commune de Lingwala – Kinshasa
matangilamusadila@yahoo.fr

L'Harmattan Congo
219, avenue Nelson Mandela
BP 2874 Brazzaville
deunovmikhael@gmail.com

L'Harmattan Mali
Immeuble Mgr Jean Marie Cissé
Aci Hamadallaye
BP 145 Bamako
syllaka@yahoo.fr

L'Harmattan Togo
Djidjole – Maison Amela
face EPP BATOME
02 BP 20680 Lomé
didieramela11@gmail.com

L'Harmattan Côte d'Ivoire
Résidence Karl – Cité des Arts
Abidjan-Cocody
03 BP 1588 Abidjan
harmattan.ivoire@gmail.com

L'Harmattan Bénin
Rue 604, (Immeuble à l'entrée
de la rue UCAO- Cite de Saint-Jean)
Cotonou
stepcorpus@gmail.com

Nos librairies en France

Librairie internationale
16, rue des Écoles
75005 Paris
librairie.internationale@harmattan.fr
01 40 46 79 11
www.librairieharmattan.com

Librairie des savoirs
21, rue des Écoles
75005 Paris
librairie.sh@harmattan.fr
01 46 34 13 71
www.librairieharmattansh.com

www.ingramcontent.com/pod-product-compliance
Lightning Source LLC
LaVergne TN
LVHW010925061026
849535LV00007B/2247
* 9 7 8 2 3 3 6 5 7 3 6 2 5 *